高等院校电子信息类规划教材

陆上无人系统概论

主　编　王江峰　郭理彬　魏曙光　胡雪松
副主编　陈　伟　童　晥　王钦钊　张　环
　　　　郭傲兵　杨国振　张　雷

北京邮电大学出版社
www.buptpress.com

内 容 简 介

当前,无人作战系统已经成为武器装备体系中新的增长点,在战争中发挥着重要的作用。为满足学员学习需求,我们策划并编写了本教材。本教材包括无人作战系统关键技术、地面无人作战系统和空中无人作战系统三大模块,共计五章。第一章为绪论。第二章介绍了无人作战系统所涉及的关键技术。第三章和第四章分别介绍了地面和空中无人作战系统的原理与类型。第五章结合具体案例,介绍了无人作战系统的作战运用和未来发展。

本教材的使用对象为无人作战工程专业的学员,旨在帮助他们了解陆上无人作战系统的组成和关键技术、陆军典型无人平台的特点和运用,为其未来在合成部队无人作战力量岗位任职奠定理论基础。作为一门概论课程,我们期望本教材能够帮助学员梳理清楚基本概念,了解该领域的全貌。

图书在版编目(CIP)数据

陆上无人系统概论 / 王江峰等主编. -- 北京 : 北京邮电大学出版社, 2025. -- ISBN 978-7-5635-7453-7

Ⅰ. TP18

中国国家版本馆 CIP 数据核字第 20257M5B65 号

策划编辑:刘纳新　　责任编辑:姚　顺　蒋慧敏　　责任校对:张会良　　封面设计:七星博纳

出版发行	北京邮电大学出版社
社　　址	北京市海淀区西土城路 10 号
邮政编码	100876
发 行 部	电话:010-62282185　传真:010-62283578
E-mail	publish@bupt.edu.cn
经　　销	各地新华书店
印　　刷	保定市中画美凯印刷有限公司
开　　本	787 mm×1 092 mm　1/16
印　　张	9
字　　数	199 千字
版　　次	2025 年 5 月第 1 版
印　　次	2025 年 5 月第 1 次印刷

ISBN 978-7-5635-7453-7　　　　　　　　　　　　　　　　　　　　定价:39.00 元

· 如有印装质量问题,请与北京邮电大学出版社发行部联系 ·

前 言

随着人工智能、机器人控制、计算机信息处理等技术的发展，一类能够自主完成任务的系统正蓬勃发展。我们将这一类系统统称为无人系统，当前的无人系统可具备人在回路的功能，且操作者不在系统平台内。这类系统的出现，极大地节省了人力开支，特别适用于一些不适合操作人员介入的环境，如战场作战环境。这类适用于作战环境的无人系统被称为无人作战系统。

无人作战系统作为智能载体，将对作战理论、装备发展、作战方式、组织架构等产生重要影响。与有人作战系统相比，无人作战系统具有机动性强、成本低、隐蔽性强等特点。它能够在极端恶劣的环境下执行作战任务，可避免操作人员进入高危区域，从而降低人员伤亡的风险。

本教材包括无人作战系统绪论、关键技术，地面和空中无人作战系统以及无人作战系统典型作战运用等内容，全面介绍了无人作战系统。第一章介绍了无人作战系统的基本概念；第二章介绍了无人作战系统涉及的关键技术；第三章介绍了典型地面无人作战系统；第四章介绍了空中无人作战系统相关内容；第五章简要介绍了无人作战系统的典型作战运用。

本教材是在教学讲义的基础上，结合多年研究成果修订完成的。本教材的主编为王江峰、郭理彬、魏曙光、胡雪松，副主编为陈伟、童睆、王钦钊、张环、郭傲兵、杨国振、张雷。在此，我们对为编写本教材做出贡献的人员深表谢意。

本教材可作为军队院校学员学习陆上无人系统的专业教材，也可作为了解陆上无人系统的科普读物。由于作者水平有限，书中难免存在不妥之处，恳请广大读者和专家批评和指正。

作　者

目 录

第一章 绪论 ··· 1

 第一节 无人作战系统的概念与分类、发展历程 ······················ 1

  一、无人作战系统的概念与分类 ·· 2

  二、无人作战系统的发展历程 ·· 8

 第二节 无人作战系统的特点 ··· 10

  一、作战能力"非对称"——全方位的压制 ···························· 10

  二、作战智能"非对称"——极致化的运筹 ···························· 11

  三、作战方式"非对称"——跨域化的协同 ···························· 12

 第三节 无人作战系统的控制方式 ·· 13

 第四节 无人作战系统的作战运用准则 ·································· 15

  一、无人作战系统的军事需求与作战伦理之间的平衡 ············· 15

  二、无人作战系统的运用准则 ·· 15

 思考题 ·· 16

第二章 无人作战系统的关键技术 ·· 17

 第一节 导航技术 ··· 17

  一、卫星导航技术 ·· 17

  二、惯性导航技术 ·· 29

  三、SLAM 技术 …………………………………………………………… 32

 第二节 环境感知技术 ………………………………………………………… 36

  一、雷达传感器感知技术 ………………………………………………… 37

  二、计算机视觉感知技术 ………………………………………………… 43

 第三节 规划技术 ……………………………………………………………… 47

  一、任务规划 ……………………………………………………………… 47

  二、运动规划 ……………………………………………………………… 49

  三、常用规划算法 ………………………………………………………… 52

 第四节 数据链技术 …………………………………………………………… 56

  一、数据链路的结构与工作原理 ………………………………………… 56

  二、对数据链路的特别要求 ……………………………………………… 57

  三、数据链路的抗干扰分析 ……………………………………………… 58

  四、数据链路的发展趋势 ………………………………………………… 59

 思考题 ……………………………………………………………………………… 60

第三章 地面无人作战系统 ……………………………………………………… 61

 第一节 地面无人作战系统的分类 ………………………………………… 61

  一、按行走方式划分 ……………………………………………………… 61

  二、按任务类型划分 ……………………………………………………… 63

 第二节 地面无人作战系统的组成 ………………………………………… 66

  一、平台及控制子系统 …………………………………………………… 66

  二、任务载荷子系统 ……………………………………………………… 67

 第三节 地面无人作战系统的性能需求及技术难点与特点 …………… 73

  一、地面无人作战系统的性能需求 ……………………………………… 73

  二、地面无人作战系统的技术难点 ……………………………………… 74

  三、地面无人作战系统的技术特点 ……………………………………… 75

 思考题 ……………………………………………………………………………… 76

第四章 空中无人作战系统 ……………………………………………………… 77

 第一节 固定翼的飞行原理 ………………………………………………… 77

一、机翼升力的产生和增升装置 …………………………………………… 77
　　二、固定翼飞机阻力的产生及减阻措施 …………………………………… 82
　　三、固定翼飞机的升阻比 …………………………………………………… 87
第二节　旋翼结构与飞行原理 ……………………………………………………… 88
　　一、直升机旋翼头的结构类型 ……………………………………………… 88
　　二、十字盘的结构类型 ……………………………………………………… 90
　　三、直升机的三大铰链 ……………………………………………………… 92
　　四、直升机的布局特点 ……………………………………………………… 95
　　五、直升机的飞行性能 ……………………………………………………… 96
　　六、直升机的飞行分析 ……………………………………………………… 98
第三节　无人机系统的空地闭环控制 …………………………………………… 101
　　一、无人机系统的空地信息闭环 ………………………………………… 101
　　二、无人机系统的操控方式 ……………………………………………… 102
　　三、无人机系统空地闭环控制的功能分配与挑战 ……………………… 103
第四节　飞行控制的基本原理 …………………………………………………… 104
　　一、无人机的运动与控制面 ……………………………………………… 104
　　二、飞行控制的负反馈原理 ……………………………………………… 105
　　三、典型的飞行控制回路 ………………………………………………… 106
第五节　无人机飞行控制律的设计 ……………………………………………… 107
　　一、无人机飞行运动建模 ………………………………………………… 108
　　二、基本飞行控制律设计 ………………………………………………… 113
　　三、飞行控制律综合 ……………………………………………………… 116
第六节　空中无人作战系统任务载荷 …………………………………………… 117
　　一、有效载荷的设计准则 ………………………………………………… 117
　　二、任务载荷的应用概况及发展趋势 …………………………………… 118
思考题 ………………………………………………………………………………… 121

第五章　作战运用 …………………………………………………………………… 122

第一节　典型无人系统作战运用 ………………………………………………… 122

一、作战运用案例……………………………………………………… 122
　　二、主要参战装备的战技指标和用途………………………………… 123
　　三、首次无人化作战的主要运用分析………………………………… 128
　　四、无人化装备首次参战的运用特点………………………………… 129
　第二节　陆上无人作战系统运用模式……………………………………… 129
　　一、无人作战系统部署方式…………………………………………… 129
　　二、无人作战系统任务规划…………………………………………… 131
　　三、无人作战系统指控协同…………………………………………… 132
　思考题……………………………………………………………………… 133

参考文献……………………………………………………………………… 134

第一章 绪 论

战争面貌往往以能够体现时代特征的军事技术为标签。当前,人工智能技术已进入一个新的高速发展期,被公认为是最有可能改变未来世界的颠覆性技术,其在军事领域的广泛运用正推动着战争形态向智能化方向演变,而无人作战则是未来智能化战争的主要作战样式或方式。

近年来,美国及西方国家无人作战系统发展迅速,在多场局部战争中大量使用,展现出不可或缺的独特优势,成为战争形态演变的重要推手和新型作战力量建设的重点。美国国防部自 2000 年起,先后发布了 6 份无人系统发展路线图,尤其是 2013 年 12 月发布的《2013—2038 年无人系统综合路线图》,系统描述了空中、海上、地面无人系统的发展趋势与特点,对未来 25 年美国无人作战系统的发展提出了总体思路和具体构想。世界主要国家军队在推动无人系统发展运用方面的战略举措,将从根本上改变人类参与战争的方式,开启了战争走向无人化战场的大门。

第一节 无人作战系统的概念与分类、发展历程

随着有人任务系统设计的日趋成熟,以及机器人控制策略、计算机信息处理技术和微机电技术的发展,一类自主完成任务的系统正蓬勃发展起来。这类系统的出现,大大节省了人力开支。特别是在一些不适合操作人员介入的环境中,如军事战场交战环境,为避免人员的伤亡,可以使用这类系统来代替人员完成侦察、搜索乃至攻击等任务。又如在有着生化污染的地区,为了避免有害物质对工作人员的伤害,可以使用这类具有较高自主能力的系统来完成特定的任务。我们统称这一类系统为无人系统。

无人系统是指无驾乘人员且能完成预定任务的系统。无人系统可具有人在回路的功能,但操作者不在运动平台内。无人系统具有鲜明的军民两用特征,在国民经济和国防等诸多领域有着广泛的应用。

一、无人作战系统的概念与分类

无人作战是根据无人作战系统在历次主要战争中的成功实践,并基于无人作战相关技术的可能发展,提出的一个新概念。明确无人作战的内涵与外延,对于正确理解无人作战、深入研究无人作战理论、合理运用无人作战力量,都具有非常重要的意义。

(一) 无人作战系统概念

无人作战系统作为无人作战的装备手段,是实施无人作战的物质基础和支撑条件。研究无人作战,应首先从认识无人作战系统开始,了解无人作战系统是什么,有哪些构成及运行方式。

1. 无人作战系统

当前,国内外对无人作战系统的认识尚未统一。美国军方对于无人作战系统的定义是在其联合出版物 JPI-02 中关于"无人机"(UAV)定义的基础的上修改而来的,在《无人系统路线图(2007—2032)》中指出:无人平台是一种有动力但不载驾驶人员,通过自主或遥控操纵的可消耗或可回收且能够携带致命或非致命有效载荷的机动装置。同时明确指出,弹道或半弹道导弹运载工具、巡航导弹、气炮弹、水雷、鱼雷、卫星和自主传感器(无推进装置)等均不属于无人平台。《无人系统路线图(2007—2032)》虽没有直接对无人作战系统进行定义,但指出了无人作战系统的重要组成部分——无人平台。国内学者对无人系统的认识,归纳起来主要有以下四个方面的观点。

(1) 无人作战系统,指无人驾驶、有动力、可重复使用或者仅一次性使用并可携带有效载荷完成任务的系统,由平台、指挥控制站、数据链等子系统和设备组成。

(2) 无人作战系统,是以平台无人操纵为主要特征,一般由无人作战平台、任务载荷、指挥控制系统组成的综合一体化作战系统。

(3) 无人作战系统,是指以无人作战平台、智能弹药、任务载荷、指挥控制以及信息网络等子系统为主体构建的能遂行作战任务的综合性交战系统。

(4) 无人作战系统,是由无人作战平台、任务载荷、指挥控制系统以及空-天-地信息网络组成的综合化作战系统。

可以看出,虽然关于无人作战系统还没有标准定义,但对其包含的关键技术、适宜承担的任务类型已达成了一定程度的共识。一般认为,无人作战系统是用于军事领域的无人系统,是指在无人化平台上搭载各类任务载荷,通过遥控或自主控制方式遂行多种作战和支援保障任务的武器系统,具有不载人、自身有动力、可重复使用等特征。无人作战系统技术是以军事科学、系统科学、控制论、信息论为理论基础,综合运用人工智能、信息与网络、传感与通信等先进技术,研究无人系统的构建及其多元集成与运用的理论和方法的新兴工程科学技术领域。

2. 无人作战力量

无人作战力量是进行无人作战的重要支撑。正确认识无人作战力量是研究无人作战的基础和前提。无人作战力量是指为有效地遂行作战任务，按照无人系统的系统构成将其与相应的人员、设备等合理编配而形成的作战组织，通常可分为地面无人作战力量、水中无人作战力量、空中无人作战力量、空间无人作战力量。从中可以看出，无人作战系统是从装备角度描述的，它不等于无人作战力量，只有将无人系统与人进行有机组合后才称为无人作战力量。

需要说明的是，在实施无人作战过程中，从协同或联合行动角度，对敌无人作战力量实施电子进攻、火力打击等行动的有人作战力量，以及对己方无人作战力量进行支援的情报、工程、后勤等力量，都不属于无人作战力量，它们的主要任务是消灭敌人、保护自己，支援配合无人作战，属于协同作战的范畴。另外，无人系统遂行作战任务所必须依托的有人作战平台，如果仅为无人系统提供临时性运载保障，比如，对无人水面艇、水下无人潜航器进行布放/回收所依托的非无人系统专用的舰艇、潜艇等，或地面无人车辆/机器人机动过程中所搭载的有人驾驶车辆等，不属于无人作战力量范畴；但专门用于无人作战平台运输、投放/回收等设计的有人驾驶平台，比如，"母舰"作战概念中，用于投放/回收各类无人作战平台的运输机/战斗机、舰艇、潜艇等"母舰"，属于无人作战力量范畴；如果能够指挥控制无人系统并专门用于与其协同作战的有人作战平台，比如，具有指挥控制无人系统的舰艇、飞机等有人作战平台，直接指挥并配合无人作战行动，则属于无人作战力量范畴。如美国军方正在试验、测试的"忠诚僚机"项目，将 F-35/F-22 战斗机作为指挥机，直接指挥并协同数架无人作战飞机实施作战，F-35/F-22 战斗机则属于无人作战力量的组成部分。

从所属关系或者专业类型上又可将无人作战力量区分为军队无人作战力量和地方支援无人作战力量。军队无人作战力量是联合作战中无人作战的骨干和主体力量，主要由各级编成内的地面无人作战力量、水中无人作战力量、空中无人作战力量、空间无人作战力量组成。地方支援无人作战力量，主要在军队无人作战力量编成之外，是用于支援、配合无人作战的民间力量，主要由武装警察、地方各行业领域的空中、地面、水中甚至空间无人力量构成。比如，民用的无人机、自主或遥控无人潜航器、无人水面艇、地面机器人等，可用于侦察探测、海上救援、排爆/扫雷等支援任务。

3. 无人作战

对于什么是无人作战，学术界并没有给出明确、权威的解释和界定。在所掌握的资料中，仅有寸丽香《无人化战争管窥》的文章在区别无人化战争时指出："无人作战，是在战场上利用机器人和无人作战平台实施的一种作战方式。"这个定义指出了无人作战的本质——无人作战平台实施的作战，但将机器人、无人作战平台这两个基本相同概念并列，容易产生歧义，并且无人作战平台是无人系统的一部分，仅以平台来表述也不够准确。本书结合无人作战装备运用的特点及可能任务,参考军语中对作战类有关概念的界定,将无人作战定义为:无人作战力量依托网络信息系统,在其他作战力量的支援下,在多维战场空间独立或配合有人作战力量所进行的各类攻防行动和支援保障行动的总称,是信息化联合作战中一种新的作战样式或作战方式。简单概括起来,就是运用无人作战力量实施的作战,与使用的数量规模大小无关。同时,理解无人作战还需要把握两个方面。

一方面,无人作战并非无人参与。战争仍然是人的战争,人仍是战争的发起者、"导演"者和参与者,只不过是每个时代所使用的战争工具有所不同而已。无人作战改变的只是人类参与战争的方式,只是将传统由人完成的作战任务部分或大部分地转交由无人系统执行,人由前台退居幕后,非现场、非直观、非接触地实施作战行动,但人仍在回路中,在后方起着控制或监控作用,这是由无人系统"平台无人、系统有人"的特性所决定的。如果战争双方都交由机器替代作战,实施完全由无人系统进行的"机器人代理战争",这既否定了战争的政治目的,也将会使战争陷入技术决定论。虽然未来智能化无人系统大量运用,具备了自主决策、自主行动的能力,但人仍然处于作战链中,对前方无人作战平台遂行任务情况实时进行监督,成为"督战者",在必要的情况下随时进行干预。而且受战争伦理的制约,开火权不可能完全交由无人系统,最多只是在特殊情况下部分地、有条件地放权,人不可能退出作战链,成为"局外人"。即使是让出所有权力,但为防止失控,人类最终还必须保留在关键时刻"拔插销"的权力。比如,美国军方在进行高自主武器系统研制时,为防止因其失效导致意外的交战,就要求"必须设计为在发挥效力时,允许指挥人员或者操作人员行使适当层级的判断权",并能够在必要时激活或者解除系统功能。同时,无人作战平台遂行作战任务时,为确保系统可靠运行的各种保障活动,部分还需要由人完成。比如,对通过无人作战平台侦察获取的情报进行最终判断等,有时还需要人的参与。目前,操作人员的数量与机器人的数量基本达到1:1,如要利用1架"捕食者"或"死神"无人机对一地区每周连续执行7天24 h不间断的作战任务,则需要7~10人执行飞行操作、每个轨道约20人操作机上传感器和一批处理传感器信息的情报分析师。当然,这与当前无人系统的操控水平有关,随着智能水平的提高和控制方式的改进,人机比例会大大下降,未来一个人就可以控制10架甚至100架无人机,但无人作战仍是由人参与的作战,人仍然是作战的主导者。

另一方面,无人作战并非战场无人。无人作战力量是联合作战力量体系的一部分,与有人作战力量是一种互补关系或协同配合关系,未来的战场仍然是有人活动的战场,未来作战也并不是将所有的作战任务全部交由无人系统自行完成,即使在特殊情况下,可能会在战场的局部时空或某一作战空间的作战行动全部由无人作战力量实施,比如,使用无人机在某一时节对某一区域内的敌防空系统进行压制打击,或使用无人潜航器在深海空间对敌进行情报侦察。这种特定时空可能无人,但在其他作战时空仍然存在有人作战力量的配合行动。而且从联合作战角度看,未来无人作战与有人作战之间应该是各用其长,也就是"谁能干什么就让谁干、谁干得更好就让谁干",或者说"机器人将去做机器人最擅长的,人类也将做人类最擅长的"。正如钱学森所讲:我们搞人、机结合的智能系统,就是让计算机及信息系统干它们能干的"理性"的事,把人留在只有人脑这个复杂巨系统能干的"非理性"的事,并让两者有机地结合起来。美国陆军也认为,未来不会出现机器人相互之间战斗而没有任何战士的战场,机器人将提升战士们的表现和效能,但不会取代他们,而是作为机器人"僚机"与士兵一起作战。因此,无人作战不是将人完全排斥出战场,由各种类型的无人作战系统来"代理"实施,未来的战争也不可能出现仅由机器人与机器人的不流血的作战,人类仍然需要走向战场,无人作战力量与有人作战力量将是联合行动、联动作战,取长补短,最终达到"互补增效、体系释能"的效果,有人/无人协同作战将是未来无人作战主要或最佳的运用模式,这也是本书的研究把握的基点。

(二) 无人作战系统分类

无人作战系统的分类标准主要有:按技术特点分类、按任务空间分类、按作战用途分类等。但目前通常按任务空间分类,可分为地面无人作战系统、空中无人作战系统、水中无人作战系统、空间无人作战系统等。

1. 地面无人作战系统

地面无人作战系统,指在陆上遂行作战任务的各类地面无人车辆/机器人。它具有伴随性好、使用灵活的特点,能够在复杂、恶劣和高危战场环境下执行任务。

地面无人作战系统:按机动方式分为轮式、履带式、仿生式和球形滚动式;按战斗全重分为微型(小于 20 kg)、小型(20～200 kg)、轻型(200～1 000 kg)、中型(1 000～8 000 kg)、重型(大于 8 000 kg);按工作模式分为遥控指令型、半自主前导/后随型、程序控制型、智能自主型;按任务领域分为侦察探测型、排爆清障型、攻击型、信息对抗型、工程作业型、运输保障型、医疗救护型和多功能型等。

2. 空中无人作战系统

空中无人作战系统,指在空中遂行作战任务的各类无人机、无人飞艇。它具有长时间巡航、活动范围广、高强度出动,特别是无人机还可高机动飞行、隐身突防,可遂行多样化任务等特点,能够配合陆、海、空等作战力量行动。

无人机:按功能及用途分为靶机、侦察、电子战、攻击、通信中继、运输/补给、校射、诱饵等;按飞行方式分为固定翼、旋转翼、扑翼等;按质量分为微型(小于 5 kg 且小于 15 cm)、小型(5～200 kg)、中型(200～500 kg)、大型(大于 500 kg);按航程分为超近程(5～15 km)、近程(15～50 km)、短程(50～200 km)、中程(200～800 km)、远程(大于 800 km);按升限分为超低空(0～100 m)、低空(100～1 000 m)、中空(1 000～7 000 m)、高空(7 000～18 000 m)、超高空(大于 18 000 m)。

无人飞艇:按飞行高度分为对流层型(小于 11 000 m)、平流层型(11 000～50 000 m);按艇体结构分为硬式型、半硬式型、软式型;按用途分为预警探测、侦察监视、通信中继、电子对抗、武装攻击。

此外,巡飞弹也称为"自杀式无人机",是近现代作战中常用的攻击手段,对于该类系统是否属于空中无人作战系统,还存在分歧。

3. 水中无人作战系统

水中无人作战系统，也称海上无人作战系统，指在水中遂行作战任务的各类无人艇/舰、无人潜航器等。它具有续航力长、目标小、隐蔽性好，使用灵活、风险性低等特点，可在水面舰艇、潜艇难以进入或危险性大的区域执行任务，特别是无人潜航器可在特定或敏感海域长期潜伏待机。

无人水面艇：按尺寸或排水量分为小型（6～9 m，排水量1 000～5 000 kg，舰载）、中型（9～12 m，排水量5 000～10 000 kg，舰载）、大型（大于12 m，排水量大于100 t，岸基或坞载）；按航速分为正常航速（小于30 kn）、高速（大于30 kn）；按用途分为侦察监视、反舰、反潜、反水雷等。

无人潜航器：按运行方式分为有缆遥控式、无缆自主式；按尺寸或排水量分为便携式（直径0.07～0.23 m，排水量小于50 kg）、轻型（直径0.32 m左右，排水量50～300 kg）、重型（直径0.53 m，排水量300～2 000 kg）、大型（直径0.91～1.82 m，排水量大于2 000 kg）；按续航力分为近程（50～200 km）、中程（200～500 km）、远程（500～1 000 km）、超远程（大于1 000 km）；按工作深度分为半潜式、中浅海（小于500 m）、深潜（大于500 m）；按用途分为侦察监视、反潜、反水雷、机动通信、救援、多用途等。

4. 空间无人作战系统

空间无人作战系统，指由战时发射或预先部署在空间、临近空间的无人轨道飞行器、空天型无人飞行器、太空作战机器人等构成的武器系统，具有跨大气层超高速飞行、活动范围广、全天候待机、突防能力强等特点，是实施全球快速打击和空间对抗的重要手段。

空间无人系统：按飞行高度分为临近空间（20～100 km）、太空（100 km以上）；按起降方式分为火箭助推、飞机挂飞、水平起降；按飞行速度分为高超声速（大于4.23 kn）、轨道速度。

无人作战系统的来源主要有两种，一种是通过全新设计试验定型的，这类装备从驱动方式、行走机构、舱内结构以及上装武器系统等都是以平台上无操作人员为目标进行设计生产，可以做到除了必要的人机交互接口外，平台本身没有预留任何操作人员席位；另一种是通过对现役有人装备的无人化改装来实现，这类装备通过加/改装的方式，实现平台原操作人员的职责任务，如平台机动、通信、打击等功能。

如图1-1所示，为BAE系统公司开发的一款智能化无人战车"黑骑士（Black Knight）"，它全长5 m，宽2.44 m，高2 m，采用履带式底盘，拥有"五对负重轮"，并使用一台卡特彼勒公司的220.65 kW的发动机，战斗全重9.5 t左右，拥有较好的机动性能。其底盘上搭载有一个炮塔，炮塔内装备有一门25 mm机炮和一挺7.62 mm并列机枪，用以进行"火力输出"。该车配备有完善的"感知"系统（包括高灵敏度的摄像机、激光雷达、热成像仪等）和火控系统、并装备有GPS系统，且具备自动/手动两种驾驶模式，能够自动规划航路，灵活地规避障碍物，可在昼夜等多种条件下执行包括前线侦察、火力支援等在内的各种任务。

第一章 绪 论

图 1-1 "黑骑士"无人战车

图 1-2 为陆军装甲兵学院对现/退役 59 坦克底盘行动部分进行无人化改装的成果，通过加装电控执行机构、驾驶操控机构、自动驾驶计算机、北斗卫星及惯性组合导航定位系统、前/后视观察系统、数据及图像无线电台、本地手持驾驶终端及远地遥控/自主驾驶操控座席等模块，可以实现 59 坦克本地线控驾驶、远地遥控驾驶及装订预制路线下的自主驾驶功能。目前该平台作为训练用靶车，已经通过空军某试训基地的出所验收，进入交付试用阶段。

图 1-2 59 坦克无人化改装

二、无人作战系统的发展历程

无人作战系统孕育成长于"一战""二战",崭露头角于越南战争、中东战争和海湾战争,在伊拉克战争、阿富汗战争、利比亚战争以及也门、巴基斯坦和伊叙北部反恐战争中大量使用,取得了令人震惊的作战效果。2001年10月开始的"持久自由"行动中,美国军方首次部署使用 RQ-4"全球鹰"无人机对阿富汗战场进行侦察。同年11月,美国军方使用 MQ-1A"捕食者"无人机击毙了基地组织领导人穆罕默德·阿提夫,开创了无人机作战运用的先河。2003年伊拉克战争期间,美国军方和英国军方都曾使用无人潜航器探测和清除乌姆盖斯尔港附近的水雷。美国军方把"斯巴达人"无人水面艇部署到"葛底斯堡"号巡洋舰上,用于执行侦察监视和反潜作战等任务。2009年2月,美国军方将首架 RQ-170"哨兵"隐身无人机部署于阿富汗坎大哈基地,并在2011年5月击毙本·拉登的行动中发挥了关键作用。2012年6月,美国军方使用 MQ-9"死神"无人机击毙基地组织阿布·亚哈·阿利比。近期,美国军方结合使用巡航导弹、战斗机、轰炸机和 MQ-1B"捕食者"无人机对叙利亚境内"伊斯兰国"(IS)重要目标实施空袭,再次验证了无人系统在反恐战争中的重要作用。

可以看到无人作战能力随着无人作战系统的进步而不断提升。无人系统在第二次世界大战结束前处于萌芽阶段,战后至20世纪70年代,由于技术的限制,一直处于缓慢发展状态;20世纪90年代以来,随着微电子技术、信息处理技术以及人工智能技术为代表的诸多高新技术的快速发展,在需求牵引和技术推动的双重作用下,无人系统特别是无人机系统进入快速、全面发展时期,其作战使用的领域、执行任务的范围极大拓展。虽然空中、地面、水中、空间等不同类型的无人系统的发展和作战运用情况各异,但总体上看,第二次世界大战后无人作战发展大致经历了三个阶段。

1. 改造尝试、探索运用阶段

从第二次世界大战后至20世纪70年代末,为无人作战的改造尝试、探索运用阶段。该阶段,无人系统仅作为传统作战装备的附属和配套部分使用,大多利用现有装备改制而来,功能比较单一,没有形成系列化发展,无人机发展相对较快,种类、数量逐渐增多,地面无人平台发展基本处于停滞状态;无人潜航器、无人水面艇刚刚起步。各类无人系统的控制方式比较简单,无人机开始采用程序控制方式,其他类型无人系统则以遥控控制为主,且作用距离有限。

这一阶段,主要经历了越南战争和第四次中东战争,无人系统的运用以无人机为主,其作战行动主要是实施侦察监视和诱饵欺骗。

2. 专设专用、初步运用阶段

20世纪80年代初至20世纪90年代末,为无人作战的专设专用、初步运用阶段。该阶段,随着计算机、先进动力、通信控制和新材料、新能源等技术的进步,无人系统的性能得到提升、功能类型增多,普遍采用程序控制方式,主要国家开始成系统、成系列地专门设计和研发无人系统,型号和数量都普遍增多,并在局部战争中大量使用、配合作战,完成了有人作战系统不便于完成的支援保障任务。

这一阶段,主要经历了第五次中东战争、海湾战争、科索沃战争,无人系统的运用仍以无人机为主,其作战行动主要是实施侦察监视、电子对抗、毁伤评估、目标定位、气象探测、散发传单等;地面和水中无人作战平台的运用增多,主要是实施扫雷排爆和反水雷作战。

3. 功能拓展、广泛运用阶段

进入21世纪至今,为无人作战的功能拓展、广泛运用阶段。该阶段,随着信息技术、人工智能、先进传感器等技术的发展,各类无人系统性能进一步提升,自主控制能力大幅提高,能够达到2~3级水平,普遍采用程控和半自主工作模式,任务领域不断拓展,装备规模大幅增加,开始成体系发展并逐步融入联合作战体系,但仍然是有人作战系统的辅助手段或配合使用。

这一阶段,主要经历了阿富汗战争、伊拉克战争、利比亚战争、叙利亚战争等,无人系统的运用仍以无人机和地面无人车辆为主,其作战行动主要是实施侦察监视、电子对抗、毁伤评估、目标定位、通信中继、核化探测、扫雷排爆、物资运输等,并具备了火力攻击能力;水中无人作战平台由于受战场条件制约,运用非常有限,主要是实施非对称特种作战。

4. 智能自主、体系运用阶段

当前,世界主要军事强国都在加紧研制和试验更先进和高自主性的无人系统,积极推进武器装备向无人化、智能化方向发展。无人机向大型、中型和小型化、多功能化发展的同时,隐身无人作战飞机取得重要进展,中国"攻击-11"、欧洲"神经元"、英国"雷神"及俄罗斯"猎人"等无人作战飞机完成首飞,正加快技术验证。地面无人车辆正向高速、越野和武装化发展,以色列"守护者"智能无人车、"卫士"无人车、俄罗斯"天王星"系列多功能战车等已投入使用,美国"粗齿锯"无人战车、"黑骑士"无人装甲车等正进行技术验证。无人水面艇使命任务拓展至反水雷、反潜、反舰等领域,美国"斯巴达侦察兵""水虎鱼",以色列"保护者""黄貂鱼",法国"检查者""史蒂伦都"等无人水面艇已列装部队。大型、远航程的水下无人潜航器开始服役,美国"海马"海洋监视和侦察系统、REMUS系列无人潜航器、"曼塔"无人攻击潜航器,以及英国"护身符"多用途无人潜航器等开始装备;美国"大直径任务重组"无人潜航器、"海上猎手"持续反潜跟踪无人艇、英国"海神"无人潜航器、俄罗斯新型"海神"("波塞冬")核动力无人潜航器等项目不断开展试验、验证,不断向实战化迈进。

空间无人系统试验飞行紧密进行,美国X-37B天地往返飞行器进行了5次在轨飞行,已完成方案设计、关键技术、性能指标、指挥控制、载荷试验等方面的验证飞行;X-SlA高超声速飞行器进行了4次试验飞行,具有"一小时打遍全球"的能力;德国的"锐边"系列高超声速飞行器已成功进行首飞。美国军方正在发展无人与有人的协同技术和作战试验,加紧将无人作战系统融入联合作战体系。因此,未来10年,无人作战系统技术水平将逐步成熟,各无人作战力量将从单个、零散应用向集群化、规模化运用转变,成建制地走上战场遂行大量的作战与支援保障任务，无人作战将与现有作战系统有机融合，并全面进入全维多维作战空间，快速迈进智能自主、体系运用阶段。

第二节　无人作战系统的特点

随着智能化和自主能力的提升，无人系统成为各军事强国竞相发展的热点，在减少参战人员的伤亡及完成难以完成的作战任务方面具有优势，推动无人作战系统的快速发展。美国耗资2 300亿美元的"未来作战系统（FCS）"计划就是要开发以网络为中心、有人系统与无人系统有机结合的新的陆战武器体系。由此可以看出，无人作战系统将成为各国武器装备发展的一个重点，已经开始走出实验室，成为现代化战争中不可缺少的新型武器装备。

无人作战系统是无人作战的基本作战力量，与有人作战系统相比，在作战能力、作战智能、作战方式等方面拥有"非对称"的制胜优势。

一、作战能力"非对称"——全方位的压制

（一）全时空的战场适应能力

当前许多军事领域的研究就是为了保护士兵或者拓展其作战领域，而无人作战系统的优势就在于"无人"，不会因为"精力""体力""情绪"等影响它的操作能力，从而完美地执行既定程序任务。无人作战系统拥有广泛的战场环境及作战空间的适应能力，无论是在极寒、极热、高压、缺氧等极端气候下，还是核辐射、生化袭击等人类难以生存的环境，无人作战系统仍可正常执行任务；无人作战系统也拥有超强的耐受力，无论执行任务时间多长，不会像载人系统那样因人的体力和精力疲乏而影响它的性能；无人作战系统没有人类精神和身体极限，能够完成各种危险的动作。所以，无人作战系统的全时空执行任务能力，能有效满足未来战争的需求，从而增加制胜砝码。

（二）实时性的态势感知能力

无人作战系统中的探测系统是收集、获得目标信息的主体，能为整个平台提供态势信息。以感知技术为基础的传感设备技术性能有了质的飞跃，各种传感器的分辨率和探测距离大幅提升，不仅对战场环境具有自主感知能力，且具有超越人的感知效能；同时这些传感器具备自主识别和分辨处理能力，能帮助指挥员快速定位、识别目标并判断其威胁程度。以传感器为核心的情报、侦察、监视系统遍布战场，形成了空间上、时域上、频域上的相互补充的立体侦察监视体系，可以精确地探测到战场上几乎所有的情况。四通八达的传输网络，将分散传感器有机联系起来，使得置于网络中的任一平台获得情报，便可分享给整个作战系统。加之计算和传输技术的发展，使得信息的处理和传输时间大大缩短。

（三）低耗性的战争消耗能力

由于信息科技、新材料科技、新能源科技、生物科技等技术群的共同推动，在无人战场上，无人化作战系统战争消耗的重心转向人的创造性劳动，即消耗的资源主要是人创造的价值，比如科技、资金、新材料、新工艺，而石油、钢铁等附加值低的资源占战争消耗份额越来越少，无人化战争向资源节约型的战争消耗模式转变。所以无人作战系统不会因为资源的问题而影响出勤率，战斗力不会剧烈衰减。同时，无人作战系统设计制造不需要配备生命保障系统，且设计简单、体型小、质量轻、便于操作和维护，所以在经济可承受方面占很大优势。

（四）无形无声的突然作战能力

"攻其无备，出其不意"历来是战争制胜的法则。而无人作战系统，利用隐形设计、隐身材料、微型尺寸，通过运用隐形、藏匿、干扰、变轨、加速等技术，把无人作战系统的外在特征减少到最小，使对手难以发现、规避和抗御打击，从而使得以往需要各种客观条件配合才能达成突然性，转变为利用技术手段随时随地都可以达成突然性。当无人作战系统实施偷袭时，对方必然陷入防不胜防、被动应付的局面。因此，无人作战平台的无形无声，在未来作战比拼上占据绝对优势。

二、作战智能"非对称"——极致化的运筹

（一）作战决策的最佳优化

无人指挥控制系统具备一般作战人员难以达到的精准分析能力、高速运算能力和瞬间处理能力。当战时需要在模糊的信息下做出决策时，智能化无人指挥控制系统对敌我双方战场上的各种信息进行定量计算和定性分析，通过数据库加快处理和检索信息的速度，并对生成方案进行作战模拟和科学评估，不断修改和完善决策方案，提供科学可靠的决策建议。同时，使人从面对海量数据繁杂计算和观察分析等低效活动中解脱出来，将精力集中于战法运用和控制协调，避免因程序化的事情浪费宝贵的时间。

（二）作战进程的秒杀循环

20世纪70年代美国军方提出"OODA"环，即观察、判断、决策和行动，只要己方的决策环运转速率超过对方，就能在对抗中赢得先机。无人作战系统具有"外部感知、思维判断决策、精确打击"等功能，在作出决策后，武器系统能够自动进行送弹、瞄准、发射等动作来实时执行打击决策。在侦察探测方面，可以实现"感知即定位"；在火力打击方面，可以做到"发现即摧毁"；在保障方面，可以达成"自适应保障"。这样无人作战系统形成一个无人化共同体，目的是方便各平台的识别和管理，共享战场态势，达成"信息流"无障碍传输，使各无人作战系统在以信息为"黏合剂"的作用下，融合成一个可以相互感知的作战体系，将战斗力各要素牢牢"聚合"在一起，实现作战效能全维全域实时可控的聚变释放。

（三）作战算法的深度学习

人工智能的核心是算法，算法是未来无人作战系统深度学习认知作战问题的基础，是进行数据分类挖掘、信息分析判断、方案评估选择的关键。未来无人作战系统利用深度学习功能，通过算法进行自主分析和认知海量作战数据，用策略网络选择下一步行动，用价值网络来预测行动后的输赢，这样不断自我博弈，积累经验。在实际作战中，无人作战系统拥有更科学的算法支撑，能提前预测战场的局势，自主处理战场态势；无人作战系统由于熟知敌我双方的指挥官思维习惯、性格脾气和行为特征，分析对手可能采取的措施并选择最优战法。所以无人作战系统能在大数据、云计算的基础上深度学习，甚至可能从战例中挖掘出作战的规律和战法，得到更高效的训练和评估，使自己更"老道"，从而取得战争的优势。

三、作战方式"非对称"——跨域化的协同

（一）基于"蜂群"方式的集群攻击

未来无人作战采取类似群居性动物自组织方式的"无人蜂群战"，大量集中运用各型智能化无人装备，体现了以量取胜的战法思想。无人作战系统具有超高的效费比，可以造得起、用得起、损失得起，从而可以大规模地使用，在数量级上有绝对的优势。无人作战系统可部署在陆、海、空、天、电、网等多维空间，在广域分布、无缝链接的战场网络的支撑下，形成一个互联互通、信息共享的无人作战体系。同时，每一个无人作战系统都是体系的节点，根据需要自主抢占有利阵位，它们功能互补，即使损失其中一个，其他的也能马上替代，不影响整体效能，抗毁性高。无人作战系统借鉴了"蜂群"的"自组织""自协同"能力，以作战目标为中心，在战场网络系统的支撑下，通过信息共享、自主筹划、自主组合、自主行动等方式，实现作战效能的最大化。

（二）基于"失能"作战的精准点穴

无人作战系统实施失能作战的关键是"打蛇打七寸"，首先解决"打得到"的问题，失能的节点处于比较隐蔽且防护较好的状态，无人作战系统必须充分利用无人作战系统行动无声无形、打击准确高效的特点，精准打击关键节点；其次需要组合使用各种失能手段，将各种平台模块化编组，以保证失能效果实现。着眼于失能作战，其主要手段可能包括：控脑，即影响和控制人的思想、意识或感染人工智能失去计算能力；致盲，既包括作用人的视觉器官，也包括摧毁传感器系统；制动，即限制或摧毁人的行动及装备的机动能力。

（三）基于"牧羊"思想的人机联合

区别于有人作战系统，无人作战系统的标志是"人在环内，不在机上""系统有人，平台无人"。未来作战体系中，将是人所在的最高层系统和无人作战系统进行耦合。人通过作战网络控制下属各层级的无人作战系统，这个"控制"是指令控制而不是具体操作。

无人作战系统在接收操控人员输出的任务指令同时,将作战响应信息反馈给操控人员,并可以依据事先的规划指令和任务安排实施最优自主控制,更重要的是体现在无人作战系统可以根据自身对内外部的感知信息,结合任务要求,自主对进攻路径、目标打击、规避方式等环节进行规划,生成最优作战方案,提供给操控人员决策参考,操控人员根据反馈信息作出响应,并再施以指令反馈。反馈的过程实质上就是交换物质和信息的过程,使整个耦合系统由"无序"趋于"有序","有序"方可"聚能"。这样依托系统耦合迭代循环,通过结构耗散高位聚能,助推无人作战体系强势涌现,为释放能量蓄势。

第三节 无人作战系统的控制方式

根据无人系统的技术原理和系统类型、功能用途,无人作战平台主要有遥控、程序、自主三种控制方式。

1. 遥控控制

遥控控制指操控站(便携、地面固定、移动)通过连续发送数据指令,实时精确控制无人作战平台的运行和执行任务。采取遥控控制时,操作员要通过目视或数传图像,根据无人作战平台运行的态势信息监控并控制其机动,行动的精确性和实时性较好,受天气影响较小,但高度依赖可靠、畅通的通信链路,受敌干扰后,对遂行任务影响较大。

该控制方式,通常用于无人作战平台近距执行任务或机动伴随执行任务时。比如,战术范围内的情报侦察、毁伤评估,视距内的排爆、扫雷,伴随有人作战单元实施先行突击、勤务支援等。也适用于其他控制方式作战的无人系统在发射/回收阶段或视距范围内行动时。比如,中远程无人机在起飞、降落时通常采取遥控控制,在视距范围(200~300 km)内遂行任务时也可采取遥控控制。

2. 程序控制

程序控制指无人作战平台按照任务规划程序,沿预先规定的航线/路线机动至预定作战区域内按计划遂行任务,后方操控站可根据战场态势适时发送指令,在线进行任务重规划,改变任务或调整航线/路线。采取程序控制时,可以减少通信联络频次,降低被发现和干扰的概率,但机动轨迹基本固定、灵活性不够、易被拦截。

该控制方式,主要用于对固定或慢速机动目标以及特定区域内目标实施侦察、干扰或打击等。比如,探测或干扰压制敌地面固定雷达,对敌港口、机场或作战基地实施先期侦察、长时间监视和攻击等。

3. 自主控制

自主控制指无人作战平台按照任务规划自主行动,并在线感知态势,像有人驾驶平台一样,能够在机动过程中保持预定任务不变的前提下,根据战场情况进行自主判断、自主规避威胁、自主采取行动,也可根据侦察后自主确认的敌目标威胁大小、价值高低,提示后方控制人员改变任务,获得允许后自主进行任务重规划。采取自主控制时,无人作战平台可在确定性条件下,在允许的权限范围内不需要人的干预,自主探测、自主决策、自主行动,极大地减少了对后方操控的依赖,能有效把握战机,且更能有效地应对复杂的环境干扰,比如,通信链路被干扰情况下依然不影响任务完成。

该控制方式,智能化程度较高,具有较强自主性,可以极大地解放人力,能够有效对高机动性、时间敏感目标和复活、新出现目标实施侦察、打击,是未来无人系统大量运用时的重要控制方式。当前由于人工智能技术的限制,尚未实现完全自主控制。

任何一种控制方式都不是独立的,在实际作战过程中,为确保无人作战平台可靠运行和高效执行任务,往往是多种方式组合运用、无缝转换的。目前,程序控制+遥控控制/指令控制是大型、远程无人作战平台最常用的控制方式,通常以程序控制为主,在必要情况下,当操控人员在视距范围内时,可采用遥控控制辅助;当超视距后,则通过卫星或其他通信平台中继进行指令辅助控制。

无人作战平台运行通常按照"接收任务—任务规划—机动巡航—执行任务—返航"的基本程序进行。比如,美国军方"全球鹰"无人机的运行与指挥控制流程如下。

(1) 在作战准备阶段,操作员将上级指挥机构下发的作战任务计划、作战目标等信息以任务指令的形式传送给任务控制单元的任务规划工作站。

(2) 任务规划工作站根据以上信息进行任务/路径规划,为无人机规划出可执行的飞行任务计划,并将其传至发射和回收单元。

(3) 在任务执行时,首先无人机被牵引到机场工位,用地面电源进行系统加电检测;然后发动机启动,由地勤人员进行监控,用机上电源进行自检测,包括数据链路检测、有效载荷调试等。一旦系统测试获得满意的结果,就由发射和回收单元加载飞行任务计划并接管控制。

(4) 在获得机场塔台放飞许可后,发射和回收单元向飞机发出滑行指令。无人机滑行至跑道起点前停止,等待下一步指令。

(5) 再次获得许可后,飞机在跑道上自主定位,并准备好接收起飞指令。

(6) 获得起飞许可后,操作员执行起飞指令,飞机起飞并爬升。

(7) 在飞机爬升到一定高度后,任务控制单元接管无人机控制权。计算机控制无人机沿着预先规划的各个航路点飞行,如果没有接收到来自地面操作员的进一步指令,无人机将可以完全自主地完成作战飞行任务、返航、进场、拉平、接地着陆、滑行并停止、结束任务。

(8) 在无人机返场着陆过程中,发射和回收单元重新接管飞机控制权,必要时人工控制着陆。

(9) 在作战飞行阶段,操作员对飞机状态、健康状态、武器状态和任务载荷状态进行显示和监视,在紧急条件下可对无人机导航系统和传感器等进行直接控制。

(10) 当出现突发情况时,任务规划工作站操作员根据情况调整无人机的任务计划,随后地面站将调整后的任务计划以及指令通过通信数据链上传到无人机平台。

(11) 当操作员遇到无法解决的情况和超出其能力范围的问题时,向上级指挥部门提出请求,待上级下达新的任务命令后,遵照执行。

在整个飞行过程中,传感器数据与图像处理工作站(情报处理站)负责接收并显示来自无人机传感器所采集到的情报图像信息,将目标确认与指示信息反馈给无人机,直至任务结束。

其他无人作战平台的运行与控制流程与无人机的基本相似,一些小型无人作战平台则更为简单。

第四节　无人作战系统的作战运用准则

在发展无人作战系统的整个过程中,需从高技术战争军事需求与伦理的平衡角度,考虑无人作战系统的运用准则问题。构建无人作战系统的作战使用伦理准则是我们面临的一项新任务,也是一项长期的研究工作。这项工作在无人作战系统研究之初就应开始,而不是无人作战系统研制完成后再开始。

一、无人作战系统的军事需求与作战伦理之间的平衡

无人作战系统的出现,很可能会导致一些传统的战争伦理,包括诸多的战争观念,如胜负观、控制观、道德观、人-机价值观等发生一系列深刻变化,这些变化也必将反映到无人作战系统的性能指标与技术指标、总体设计、技术方案和装备作战运用之中。

比如在战场上,具有自主攻击能力的无人武器,能够依据预先设定的程序,攻击敌方作战人员,直至将其消灭或使其失能。但对已经失去战斗能力或已放下武器的敌方人员,如何识别和判断对方的真正意图,并给予恰当回应。当遇到敌人以平民为掩护实施袭击时,一旦判断错误,其很容易导致滥杀无辜的后果。又如,在复杂的战场环境中,当无人作战系统难以识别出敌我友,区分出敌方军事目标和民用建筑时,它下一步的行动是什么?贸然攻击可能会误伤友军或无辜,放弃攻击可能贻误战机或被敌方击毁。这些都是无人作战系统必须面对和解决的问题。

总之,人类应赋予无人作战系统多大程度的自主权,在发挥其优势的同时如何避免其危害,这是无人作战系统必须解决的军事需求与作战伦理之间的平衡问题,也是无人作战系统研制者必须考虑的问题。

无人作战系统最大的优势和长处是"无人",它们可以代替士兵不知"疲倦"、不怕"牺牲"地工作在恶劣的战场环境中,执行艰难危险的作战任务;同时最大劣势和短处也是"无人",它们既不懂人类的伦理,也不讲人类的道德,是一群毫无"是非意识"的"冷血杀手",一旦失去人的控制,后果将是灾难性的。

二、无人作战系统的运用准则

在战场对抗中运用无人作战系统时,人们会面临一些困境,例如,由于缺乏指挥人员

的实时监控,无人作战系统在执行作战任务时,面对预定程序外的突发性、非结构性事件和环境,将会无所适从,或做出错误的响应,进而危及己方或友方的安全。在战场上,很可能出现无人作战系统作战"既不讲道德,又不讲道理"的局面,极易导致战场对抗出现严重的混乱,导致对抗僵局的不确定性和不可控性。

针对这些问题,我们提出无人作战系统作战运用的四条基本准则。

（1）无人作战系统只能在规定的时间和空间内,对特定的有生目标实施限定性的攻击,当对敌、友、我难以准确识别判断时,即使自身可能被摧毁,也不能贸然攻击,即具有"人本性"。

（2）无人作战系统应能识别并确认授权使用者,即无人作战系统只服从于对它拥有控制权的使用者。在非授权使用、失控或故障情况下,应立即停止或终止执行任何攻击性指令,即具有"使用的专属性和退化性"。

（3）无人作战系统不能将自身携带的作战规则程序和/或指令由未经授权的使用者以任何方式传输或复制给其他无人武器系统,也不能接受来自其他武器系统的作战规则程序和/或指令,除非获得授权使用者的批准,防止出现机器人叛徒,即具有"非授权封闭性"。

（4）无人作战系统不能通过人工智能（包括自学习、自复制、自重构等）方式,自主形成规定内容以外的新的攻击性程序或指令,即具有"功耗自守性"。

思 考 题

1. 无人作战系统的内涵。
2. 无人作战系统主要的生成方式是什么？
3. 无人作战系统的任务使命有哪些？

第二章　无人作战系统的关键技术

对于一个无人系统,要实现类似有人操控时的功能,首先要解决的是"我在哪""要去哪"的问题,这就涉及无人系统的感知与定位技术。感知与定位在无人系统中至关重要,但同时也是一个充满挑战的问题。普通手机卫星定位的精度为米级,对于无人系统来说,1 m 的误差足以引发未知的事故,需要更精确的定位,一般至少需要达到厘米级。而不同的感知传感器适合的工作环境,获得的感知精度也各有所长。军用无人平台运动控制相关的状态包括位置、姿态、速度、加速度、角速度等,这些状态通常是由导航定位模块获取常用的导航定位技术主要包括了天文导航、卫星导航、惯性导航以及组合导航技术。

环境感知系统是军用无人平台的"眼睛"和"耳朵",无人平台想要完成被赋予的任务,其前提条件是它必须有能力感知周围环境。一个环境感知系统由硬件和软件两部分构成,与之对应的环境感知技术也是由硬件和软件两部分构成的,其中与硬件对应的是环境感知传感器技术,与软件对应的是环境信息处理技术。常用的环境感知传感器包括视觉传感器、雷达类传感器、红外传感器等。

无人作战系统任务规划是在执行作战任务前,由操控人员利用专门的任务规划系统,根据无人作战装备所要完成的任务、使用数量及任务载荷的不同,对无人作战平台高效、安全地完成具体作战任务的预先设定与统筹管理。接下来我们首先进入导航技术的学习。

第一节　导 航 技 术

一、卫星导航技术

（一）利用到达时间测距原理

卫星导航利用到达时间(TOA)测距原理来确定用户的位置。这种原理需要测量信号从位置已知的发射源发出到达用户接收机所经历的时间。将信号的传播时间乘以信号的传播速度，就能得到发射源到接收机之间的距离。接收机通过测量多个位置已知的发射源所广播的信号传播时间，就能确定自己的位置。

为简单起见，以在笔直大街上确定汽车的位置为例来讲述其定位原理。在街道的一端设置一个无线信号发射台，它每秒钟发射一个脉冲信号，车上安装一个与发射台完全同步的时钟，通过计算信号的传输时间，我们可以得到大街上汽车的位置，如图2-1所示。计算公式如下：

$$D = c\Delta\tau \tag{2-1}$$

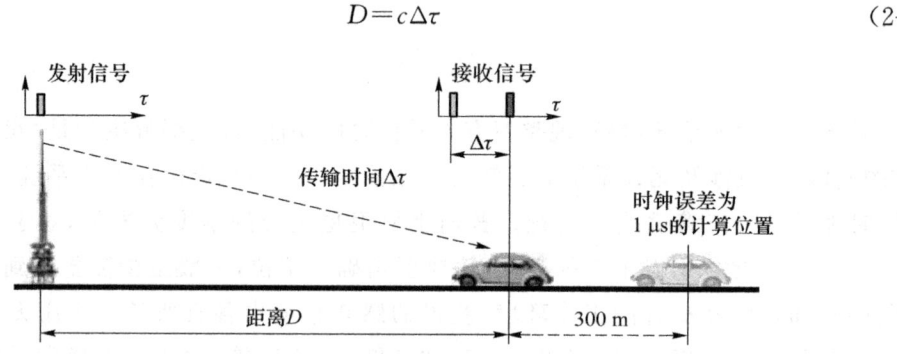

图2-1　利用到达时间测距的简单模型1

当汽车的时钟与发射台的时钟不完全同步时，时钟的不同误差将会导致定位误差，1 μs的时钟误差将会导致300 m的定位误差，此时，由于时间不同步，利用信号到达时间所测量到的距离与真实距离有误差，我们把包含时间同步误差的距离称为伪距（Pseudorange）。在车上安装一个与发射塔精度一致的时钟（如原子钟）将会增加用户的成本，一种解决办法是在街道的另一端同样安装一个信号发射台，两个发射台的时钟精度一样，如图2-2所示。汽车的位置可由下式计算：

$$D = \frac{(\Delta\tau_1 - \Delta\tau_2)c + A}{2} \tag{2-2}$$

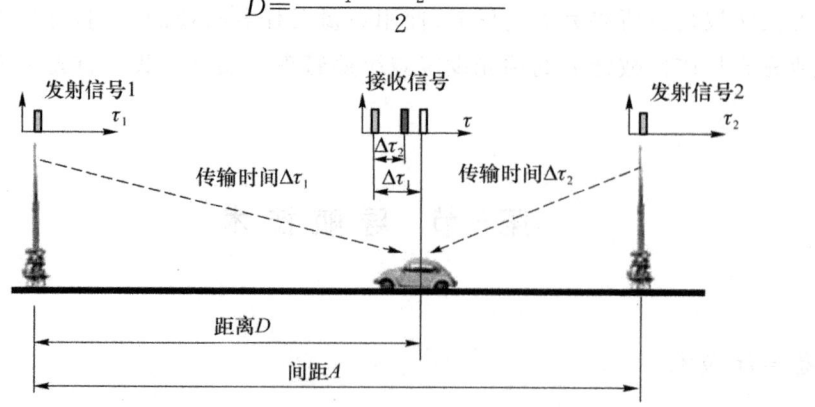

图2-2　利用到达时间测距的简单模型2

从式(2-2)可以看出,即使车上的时钟不准确,通过增加一个信号发射台,同样可以对汽车进行准确定位。依此类推,对于三维空间的定位,通过四个信号发射台,就可以克服定位设备时钟误差的影响进行精确定位。

卫星导航就是利用空间分布的卫星作为信号发射台,只要已知 4 颗卫星的位置,就可以利用上述原理确定接收机的位置(图 2-3)。

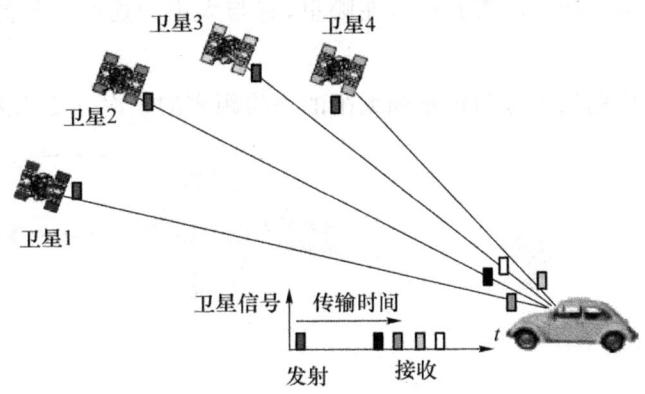

图 2-3　卫星导航定位原理

假设接收机钟差 δt,在时刻 t_1 接收机测出其与至四颗卫星的距离(伪距)分别为 ρ_1、ρ_2、ρ_3、ρ_4,通过四颗卫星的三维坐标 (x^j, y^j, z^j),$j=1,2,3,4$,可写出如下方程:

$$\rho_1 = \sqrt{(x-x^1)^2+(y-y^1)^2+(z-z^1)^2}+c\delta t$$
$$\rho_2 = \sqrt{(x-x^2)^2+(y-y^2)^2+(z-z^2)^2}+c\delta t$$
$$\rho_3 = \sqrt{(x-x^3)^2+(y-y^3)^2+(z-z^3)^2}+c\delta t$$
$$\rho_4 = \sqrt{(x-x^4)^2+(y-y^4)^2+(z-z^4)^2}+c\delta t \quad (2-3)$$

其中:c 为光速;δt 为接收机钟差;$\rho_1,\rho_2,\rho_3,\rho_4$ 为已知测量值;$x,y,z,\delta t$ 为未知量。通过上式可以得到:①卫星导航至少需要四颗卫星才能进行三维定位,确定接收机的三维坐标 (x,y,z);②卫星导航除了能进行定位之外,还能进行授时。式中可计算出接收机时钟误差 δt,从而对接收机时钟进行校正,实现授时功能。

从式(2-3)可以发现,利用卫星导航系统进行定位,还必须解决两个问题:一是如何确定任意时刻卫星的位置;二是如何测量测站点至卫星之间的距离(伪距)。

(二) 卫星位置的确定

准确预测信号发射时刻卫星的位置,这种能力对卫星导航来说至关重要。在卫星导航系统中,卫星位置可由卫星电文广播给用户或根据导航电文计算得到。在卫星广播的电文中,卫星在空间的位置由卫星位置的轨道参数或开普勒参数来描述。实际上,GNSS 电文中是用动态的开普勒椭圆去逼近卫星运动的实际轨道。

1. 开普勒定律（Kepler's Laws）

德国科学家开普勒根据太阳系中行星绕太阳运动的长期观测资料，总结了天体力学中行星绕太阳运行的三个基本定律，即著名的开普勒三大定律。同样GNSS卫星绕地球的无摄运动也符合开普勒三大定律。开普勒三大定律如下（图2-4、图2-5）。

（1）行星的轨道是椭圆的，太阳是这个椭圆的一个焦点。

（2）行星绕太阳公转时不管其位置在哪里，它与太阳的连线在相同的时间内扫过的面积相等。

（3）行星公转周期的平方与行星到太阳的平均距离的三次方之比为常数。

图2-4 开普勒第一定律　　　　　　图2-5 开普勒第二定律

根据开普勒第二定律，卫星绕地球质心运行时，其面积速度保持不变。由于运行轨迹是一个椭圆，卫星在不同位置的速度是不同的。在近地点处速度最大，在远地点处速度最小。

2. 卫星轨道参数

作用在卫星上的力主要是地球的引力，当地球可视为一个理想球体时，地球对卫星的引力是指向地心的。按照开普勒三条定律，卫星是在一个通过地球中心的固定平面上运动，这个平面叫卫星运动的轨道平面；卫星在其轨道平面上的运动轨迹是一个椭圆，地球中心位于椭圆的一个焦点上。

于是，要描述卫星的位置，首先，需描述卫星运动的轨道平面在空间的位置；其次，必须描述卫星在轨道平面上作椭圆运动的椭圆的大小、形状和取向；最后，必须描述卫星在椭圆轨道上的瞬时位置。

要确定卫星轨道平面在空间的位置，首先得找到一个可认为固定不变的参考系。地球虽在自转，但地球的赤道平面在空间的取向可视为基本不变，这可作为参考平面；同样，地球绕太阳公转的轨道（黄道）平面在空间的取向也可认为基本不变，它也可作为一个参考平面。赤道和黄道平面都通过地球质心。现在，假想整个宇宙空间是一个以地心为中心，半径为无穷大的球，叫作天球；再假想把地球的赤道平面无限延展，使它和天球相交，其交线叫天球赤道；再假设黄道平面也无限延伸，与天球的交线叫天球黄道（图2-6）。天球赤道和天球黄道相交于两点，一点叫春分点，另一点叫秋分点。由于天球赤道面和天球黄道面在空间的取向基本不变，所以，春分点和秋分点在天球上的位置也基本不变，因此这两点可作为参考点。现在以春分点和天球赤道面作为确定卫星轨道平面在空间位置的参考系。

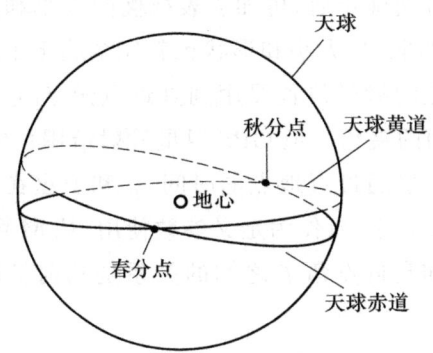

图 2-6　天球、天球赤道和天球黄道

如图 2-7 所示，卫星轨道平面在空间的位置可由两个轨道参数 Ω 和 i 来确定。Ω 是卫星轨道面和赤道面的交线 OR 与地心和春分点连线 Or 之间的夹角。卫星自南向北运动时，其轨道面和赤道面的交点 R 称为升交点，而 Ω 可用 Or 和 OR 之间所隔的天球的经度来量度，因此，称 Ω 为升交点赤经。升交点赤经 Ω 决定了卫星轨道在什么位置和赤道面相交。i 则是卫星轨道平面与地球赤道平面之间的夹角，称为轨道平面倾角。轨道平面倾角 i 决定了卫星轨道平面和地球赤道平面之间的相对取向。因此，给定了升交点赤经 Ω 和轨道平面倾角 i 这两个轨道参数，便给出了卫星轨道平面在空间的位置。

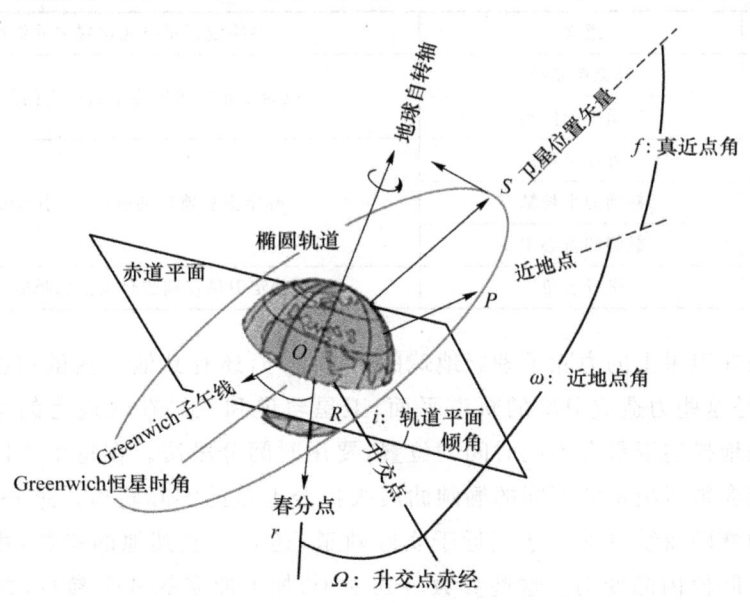

图 2-7　卫星轨道参数

卫星在轨道平面上的运动轨迹是椭圆。同样是椭圆，却有大有小，有扁有圆，椭圆的长短轴也可朝向不同的方向，因此需用三个轨道参数来确定卫星在轨道面上的轨道，它

们是 ω、a 和 e。ω 是近地点角,卫星轨道最靠近地球质量中心的那一个点,称为近地点 P,P 和地心的连线 OP 与 OR 之间的夹角称作近地点角。近地点角 ω 决定卫星运行椭圆轨道长轴的方向。长轴方向确定后,再加上表征椭圆大小和扁平程度的半长轴 a 和偏心率 e,在轨道平面上椭圆的取向、大小和形状也就完全确定了。

确定卫星在椭圆轨道上的瞬时位置要用到真近点角 f,它是卫星与地心连线 SO 和近地点与地心连线 PO 之间的夹角。但 GPS 卫星发射给用户的电文中包含的不是 f,而是平近点角 M,M 取决于卫星通过近地点的时间 t_P 和卫星在轨道上运行的平均角速率 n。平近点角 M 是一种数学概念,只作为定义参数使用,从 M 可以求出偏近点角 E,从 E 又可求出 f。偏近点角 E 和真近点角 f 之间的关系是几何扩展的结果,M、E 和 f 之间的关系如下

$$M = n(t - t_P)$$
$$M = E - e\sin E \tag{2-4}$$

$$\tan\frac{f}{2} = \sqrt{\frac{1+e}{1-e}}\tan\frac{E}{2} \tag{2-5}$$

可见,要得到卫星在椭圆轨道上的瞬时位置 f,需要求解上述方程,这是一个迭代过程。

总结而言,描述卫星在空间位置需要 6 个轨道参数,通常把它们称为开普勒轨道参数或历书数据,见表 2-1。这些参数由卫星广播给用户。

表 2-1 GPS 开普勒轨道参数

参数	意义	在决定卫星空间位置中的作用
Ω	升交点赤经	确定卫星椭圆轨道平面在空间的位置
i	轨道平面倾角	
ω	近地点角	确定卫星轨道的取向、大小和形状
a	椭圆的半长轴	
e	椭圆的偏心率	
M	平近点角	确定卫星在椭圆轨道上的瞬时位置

但是作用在卫星上的力除了理想地球的引力之外,还有其他一些虽然次要然而不可忽略的力,正是这些力造成卫星的轨道平面、卫星轨道和卫星在轨道上的运动都在逐渐变化。为精确地描述卫星在不同时间的位置,要用时间分段法。在每个不同的时间段中用不同的轨道参数所决定的不同的椭圆曲线去拟合卫星的实际轨道。进一步,为了使每一时间段内的椭圆曲线更准确地接近于实际轨道,还有一些其他的参数,用以描述椭圆曲线在这一时间段内的变动。这些参数一共 9 个,加上原来的 6 个参数,共 15 个。这 9 个参数中 $\dot{\Omega}$ 是升交点赤经的变化率;IDOT 是轨道平面倾角的变化率,C_{ic} 和 C_{is} 分别是对倾角余弦与正弦的校正量。上述这 4 个参数描述了在该时间段内轨道平面的变化。另外还有 4 个参数用以描述拟合时段中轨道大小和取向的变化,它们是 C_{rc} 和 C_{rs} 以及 C_{uc}

和 C_{us}。而 Δn 是对卫星在轨道中运动时的平均速度的校正量。这 15 个轨道参数通过卫星广播电文中星历参数传送至用户。

表 2-2 星历参数(北斗)

参数	定义	参数	定义
t_{oe}	星历参考时间	i_0	参考时间的轨道倾角
$\sqrt{A}$	长半轴的平方根	IDOT	轨道平面倾角的变化率
e	偏心率	C_{uc}	纬度幅角的余弦调和改正项的振幅
ω	近地点幅角	C_{us}	纬度幅角的正弦调和改正项的振幅
Δn	卫星平运动差	C_{rc}	轨道半径的余弦调和改正项的振幅
M_0	参考时间的平近点角	C_{rs}	轨道半径的正弦调和改正项的振幅
Ω_0	参考时间升交点赤经	C_{ic}	轨道倾角的余弦调和改正项的振幅
$\dot{\Omega}$	升交点赤经的变化率	C_{is}	轨道倾角的正弦调和改正项的振幅

星历参数描述了天体或航天器在开普勒轨道上运动时,确定其轨道所需的参数。它包括 15 个轨道参数、1 个星历参考时间,北斗星历参数更新周期为 1 h,GPS 星历参数更新周期为 2 h。

3. 由北斗星历参数计算卫星坐标

接收机根据接收到的星历参数可以计算卫星的坐标。表 2-3 为利用北斗星历参数计算卫星坐标的方法。

表 2-3 利用北斗星历参数计算卫星在 CGCS2000 坐标系中的坐标

计算公式	描述
$\mu = 3.986\ 004\ 418 \times 10^{14}\ \text{m}^3/\text{s}^2$	CGCS2000 坐标系下的地球引力常数
$\dot{\Omega}_e = 7.292\ 115\ 0 \times 10^{-5}\ \text{rad/s}$	CGCS2000 坐标系下的地球旋转速率
$\pi = 3.141\ 592\ 653\ 589\ 8$	圆周率
$n_0 = \sqrt{\dfrac{\mu}{A^3}}$	计算卫星平均角速度 n_0
$t_k = t - t_{oe}^*$	计算观测历元到参考历元的时间差 t_k,又称归化时间
$n = n_0 + \Delta n$	改正平均角速度 n
$M_k = M_0 + n t_k$	计算平近点角 M_k
$E_k = M_k + e\sin E_k$	迭代计算偏近点角 E_k
$f_k = \arctan\dfrac{\sqrt{1-e^2}\sin E_k}{\cos E_k - e}$	计算真近点角 f_k
$u' = f_k + \omega$	计算升交距角 u'

续表

计算公式	描述
$\begin{cases} \delta u_k = C_{us}\sin(2u') + C_{uc}\cos(2u') \\ \delta r_k = C_{rs}\sin(2u') + C_{rc}\cos(2u') \\ \delta i_k = C_{is}\sin(2u') + C_{ic}\cos(2u') \end{cases}$	纬度幅角改正项 径向改正项 轨道倾角改正项
$u_k = u' + \delta u_k$	计算改正后的纬度幅角
$r_k = A(1 - e\cos E_k) + \delta r_k$	计算改正后的径向
$i_k = i_0 + \text{IDOT} \cdot t_k + \delta i_k$	计算改正后的轨道倾角
$\begin{cases} x_k = r_k \cos u_k \\ y_k = r_k \sin u_k \end{cases}$	计算卫星在轨道平面内的坐标
$\Omega_k = \Omega_0 + (\dot{\Omega} - \dot{\Omega}_e)t_k - \dot{\Omega}_e t_{oe}$	计算历元升交点赤经(地固系)
$\begin{cases} X_k = x_k\cos\Omega_k - y_k\cos i_k \sin\Omega_k \\ Y_k = x_k\sin\Omega_k + y_k\cos i_k \cos\Omega_k \\ Z_k = y_k\sin i_k \end{cases}$	计算 MEO/IGSO 卫星在 CGCS2000 坐标系(地心固定坐标系)中的坐标

* t 是信号发射时刻的北斗时。t_k 是 t 和 t_{oe} 之间的总时间差,必须考虑周变换的开始或结束,即如果 t_k 大于 302 400,将 t_k 减去 604 800;如果 t_k 小于 -302 400,则将 t_k 加上 604 800。

(三)伪随机码

从前面的叙述可知,在知道卫星的位置之后,如果又知道用户对卫星的伪距,便可以解算出用户的位置。伪距是用什么方法测量的呢?在 GPS、北斗卫星导航系统中,伪距是借助于卫星信号中发射的 PRN(Pseudo-range Noise)码来测量的,PRN 码简称伪码,由此测定的称为码伪距。

为说明伪码的概念,先简单介绍二进制随机序列的概念和特性。取一枚硬币,规定国徽面为 1,有字面为 0,以一定方式抛掷硬币,并将每次掷出的结果(0 或 1)排列起来,例如得到 01011011100101100。这就是一个二进制随机序列,序列中每一位称作一个码元。这种二进制随机序列的主要特点如下。

(1)序列是事先不能确定的非周期序列,不能事先知道和事先作出一套与之相同的序列。

(2)在序列中,码元 1 和 0 出现的概率(机会)各为 1/2。

(3)当有了序列之后,我们在时间上将它移动一个 τ,形成一个新序列,然后把这个新序列与原序列在时间轴上对比着排列起来,逐一进行码元比对。序列的自相关函数 $R(\tau)$ 定义为:

$$R(\tau) = \frac{\text{相同码元个数} - \text{相异码元个数}}{\text{相同和相异码元的总数}} \quad (2\text{-}6)$$

其中,τ 表示该序列与移位序列之间的相对移位量。当 $\tau=0$ 时,$R(\tau)=1$;当 $|\tau|>t_0$ 时,

$R(\tau)=0$;当$-t_0<\tau<t_0$时,$R(\tau)$与τ呈线性关系,t_0是码元的宽度(图2-8)。

图 2-8　二进制随机序列的自相关函数

可见,二进制随机序列具有优良的自相关特性,但因其无周期性,不能预先复制,故不实用。如果能找到一种序列,既有良好的自相关特性,又具有周期性,同时还能预先确定,也能复制,那是最好的。把这种具有随机序列特性的非随机序列,称为伪随机序列,而把由二进制码元 0 和 1 组成的伪随机序列称为二进制伪随机码,简称伪码。

伪码具有优良的自相关特性,因此可对它进行相关(相乘)积累接收;伪码具有周期性,故可用来作为测量电波传播时延的尺;伪码具有事先可确定性,因此伪码的相位可以识别,这种可识别的伪码相位就是尺子上更细的刻度(标记)。

伪码的互相关是将两个不同的伪码序列在时间轴上对比着排列起来,逐一进行码元比对。其互相关函数的定义与自相关函数定义类似。不同伪码的互相关函数不存在尖峰。

GPS 卫星信号中使用两种伪码:C/A 码和 P(Y)码。C/A 码的速率为 1.023 Mbit/s,码长为 1 023 位,重复周期为 1 ms,1 个码位的时间约为 1 μs,相当于 300 m 的距离;P(Y)码速率为 10.23 Mbit/s,P(Y)由 P 码与 W 码叠加而成,其中 P 码码长为 $1.534\,5\times10^7$ 位,重复周期 266.4 天。不过每颗卫星只用其中特定的一段,长度(即周期)为 7 天。W 码是一个专门用来加密的码。P(Y)码的码位宽度与 P 码相同,1 个码位的时间约为 0.1 μs,相当于 30 m 的距离。

实际上,用作测量电波传播时间尺子的是 1 ms(C/A 码周期)、20 ms(数据位的宽度)、6 s(数据子帧)和 Z 计数(一周中,子帧的数目从周六子夜开始,到下一周六子夜又重新开始。其中,每个计数值与子帧时刻对应,子帧时刻出现在下一个子帧的前沿)以及总的星期数 WN。

以 C/A 码测距来说明 GPS 伪码测距的原理,如图 2-9 所示。GPS 中的伪码测距是通过比较接收机本地产生的 C/A 码与从接收到的卫星信号再现(恢复)的卫星 C/A 码对应的标记(刻度)来实现的。

图 2-9 中,假设用户钟和卫星钟精确同步,t_R 是卫星发射的信号在传播路径上的时延,它是通过移动本地 C/A 码,使之与用户设备中恢复出来的卫星信号 C/A 码相互重合,再由本地码的移动时间测得。当两码重合时,相关函数为 1;当偏差太大时,相关函数

为0。从图中可直观看出,卫星钟和用户钟均从0 ms启动,经过$t_R=1\,017.4$个C/A码码位后传到用户,时延t_R乘光速c就是测量得到的距离。

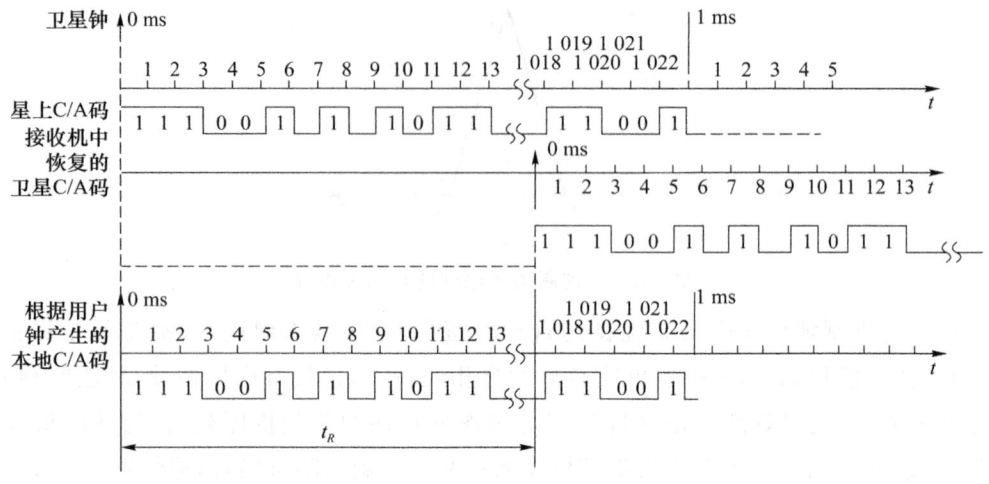

图2-9 GPS伪码测距原理

当用户钟和卫星钟不同步时,本地钟的0 ms时间便与卫星钟的0 ms时间相差一个Δt,此时仍然采用移动本地伪码,使之与接收到的信号中的伪码相重合的方法所测出的距离就是伪距。

C/A码除了用于GPS伪距测量外,还利用C/A码的强自相关特性来检测某一卫星信号是否存在。图2-10为6号GPS卫星C/A码采样信号,其幅度为±1,是高斯白噪声信号,其噪声信号均值为0,方差为16。从物理意义上来说,均值为0说明无直流分量,方差的大小体现了该噪声信号的功率。比较噪声信号的方差和C/A码信号幅度的平方可知,噪声功率高于信号功率,所以在图2-11中可以看出信号已经被"淹没"在噪声里,肉眼已经无法分辨出信号。假设图2-11混合信号被接收到,但接收方对存在哪个卫星信号一无所知,如何检测信号?答案正是运用C/A码的强自相关性,在本地产生一个6号卫星的C/A码信号,比较这个信号和接收的混合信号的相关性,从时间轴上滑动本地信号,相当于改变本地C/A码相位。每滑动一次相位,比较本地伪码信号和输入信号的相关性,可以得到一个与当前伪码相位对应的相关结果,图2-12显示了不同C/A码相位得到的相关值,可以看到,在某一个本地相位得到了一个很高的尖峰。这个尖峰如果超过了预先设定的阈值,那么可以得到两个结论:①和本地伪码信号对应的卫星信号存在;②卫星信号的伪码相位和本地C/A码的当前相位一致。图2-13显示了C/A码的互相关特性,如果本地码选用了错误的伪随机码,此处选择了9号卫星的伪码,图中显示出互相关结果,不会产生明显的相关尖峰。在实际情况中,某颗卫星的信号没有出现有两种可能:第一种可能是该卫星的信号确实不在实际接收到的信号中;第二种可能是该卫星的信号强度太微弱,从而使得相关结果没有通过检测门限。

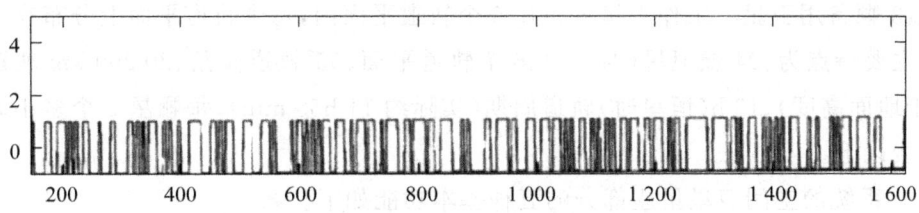

图 2-10　6 号 GPS 卫星 C/A 码采样信号

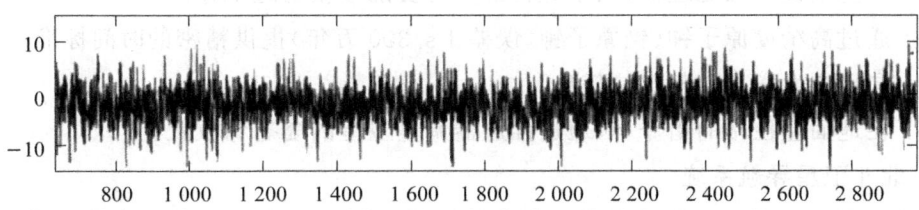

图 2-11　6 号 GPS 卫星的 C/A 码采样信号与高斯白噪声信号混合

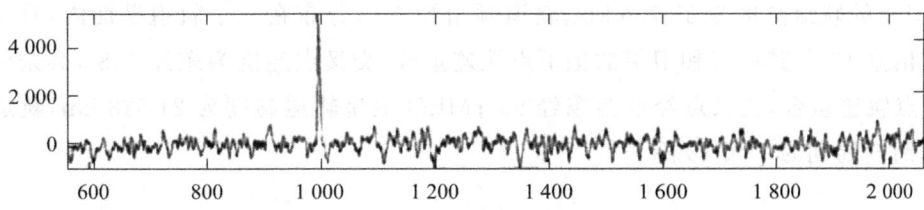

图 2-12　本地产生的 6 号卫星的 C/A 码与混合信号做相关的结果

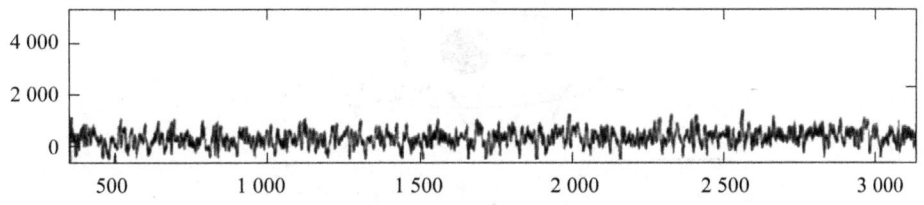

图 2-13　本地产生的 9 号卫星的 C/A 码与混合信号做相关的结果

(四) GNSS 定位系统组成

GNSS(Global Navigation Satellite System)即全球卫星导航系统,目前,全球四大 GNSS 分别是:美国的 GPS、中国的北斗、俄罗斯的 GLONASS、欧洲的 Galileo。基于这些卫星导航系统,用户可以在全球范围内实现全天候、连续、实时的三维导航定位和测速;此外,用户还能够进行高精度的时间传递和高精度的精密定位。

GNSS 的整个系统由空间卫星星座部分、地面监控部分和用户设备组成。

1. 空间卫星星座部分

1) GPS 系统

GPS 系统的空间卫星星座部分共有 24 颗卫星,按照 21+3 分布,其中包括 21 颗工作卫星,3颗备用卫星。工作卫星分布在6个轨道平面内,每个轨道平面上分布有4颗卫星。其主要特点为:24颗卫星(21+3)、6个轨道平面、55°轨道倾角、20 200 km轨道高度(相对于地面高度)、12 h(恒星时)轨道周期(实际约11 h58 min)、每颗星5个多小时出现在地平线以上。

GPS系统的空间卫星星座部分的五种基本功能如下。

(1) 接收和存储由地面监控站发来的导航信息,接收并执行地面监控站的控制指令。

(2) 卫星上设有微处理器,用于进行部分必要的数据处理工作。

(3) 通过高精度原子钟(铯原子钟,误差1 s/300万年)提供精密的时间标准。

(4) 向用户发送导航与定位信息。

(5) 在地面监控站的指令下,通过推进器调整卫星的姿态和位置。

2) 北斗卫星导航系统

北斗卫星导航系统空间卫星星座部分的组成如图2-14所示。其相应的位置情况为:GEO卫星的轨道高度为35 786 km,分别定点于东经58.75°、80°、110.5°、140°和160°;IGSO卫星的轨道高度为35 786 km,轨道倾角为55°,分布在三个轨道平面内,升交点赤经分别相差120°,其中三颗卫星的星下点轨迹重合,交叉点经度为东经118°,其余两颗卫星星下点轨迹重合,交叉点经度为东经95°;MEO卫星轨道高度为21 528 km,轨道倾角为55°,回归周期为7天13圈。

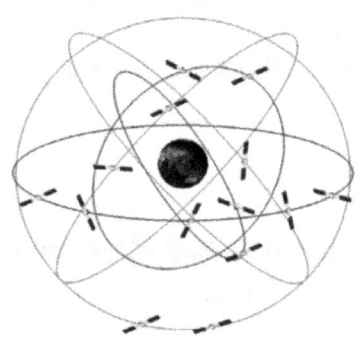

图2-14 北斗卫星导航系统空间卫星星座部分的组成

2020年6月,北斗卫星导航系统已正式面向全球提供RNSS服务,其空间卫星星座部分由5颗地球静止轨道(GEO)卫星和30颗非地球静止轨道(Non-GEO)卫星组成。GEO卫星分别定点于东经58.75°、80°、110.5°、140°和160°。Non-GEO卫星由27颗中远地球轨道(MEO)卫星和3颗倾斜地球同步轨道(IGSO)卫星组成。其中,MEO卫星轨道高度为21 528 km,轨道倾角55°,均匀分布在3个轨道面上;IGSO卫星轨道高度为35 786 km,均匀分布在3个倾斜同步轨道面上,轨道倾角55°,3颗IGSO卫星星下点轨迹重合,交叉点经度为东经118°,相位相差120°。

与GPS系统不同的是,北斗卫星导航系统中5颗GEO卫星除提供RNSS服务外,还能提供 RDSS 服务和短报文通信服务。

2. 地面监控部分

1) GPS 系统

GPS 系统的地面监控部分目前主要由分布在全球的 1 个主控站、3 个注入站和 5 个监测站组成。主控站设在美国的科罗拉多。主控站负责协调和管理所有地面监控系统的工作。注入站分别设在印度洋的迭哥加西亚岛、南大西洋的阿森松岛和南太平洋的夸贾林。在主控站的控制下，每 12 h 将主控站推算和编制的卫星星历、钟差、导航电文和其他控制指令等注入 GPS 系统的存储系统，并负责监测注入卫星的导航信息是否正确。监测站设在主控站、注入站和夏威夷，在主控站直接控制下的数据自动采集中心。

GPS 系统的地面监控部分的主要功能如下。

(1) 监测卫星是否正常工作，是否沿预定的轨道运行。

(2) 跟踪计算卫星的轨道参数并发送给卫星，由卫星通过导航电文发送给用户。

(3) 必要时对卫星进行调度。

(4) 保持各颗卫星的时间同步。

2) 北斗卫星导航系统

北斗卫星导航系统的地面监控部分负责系统导航任务的运行控制，主要由主控站、时间同步/注入站、监测站等组成。主控站是北斗卫星导航系统的运行控制中心，主要任务包括以下几点。

(1) 收集各时间同步/注入站、监测站的导航信号监测数据，进行数据处理，生成导航电文等。

(2) 负责任务规划与调度和系统运行管理与控制。

(3) 负责星地时间观测比对，向卫星注入导航电文参数。

(4) 进行卫星有效载荷监测和异常情况分析等。

时间同步/注入站主要负责完成星地时间同步测量，并向卫星注入导航电文参数。监测站对卫星导航信号进行连续观测，为主控站提供实时观测数据。

3. 用户设备

GNSS 卫星信号接收机，是 GNSS 的关键用户设备，是实现 GNSS 定位的终端仪器，包括天线、接收机处理机和控制显示设备等。它是一种能够接收、跟踪、变换和测量 GNSS 定位信号的无线电接收设备，既具有常用无线电接收设备的共性，又具有捕获、跟踪和处理卫星微弱信号的特性。

二、惯性导航技术

(一) 基本原理

我们知道一个载体的运动可以采用三维空间描述。在工程力学领域，通常会将载体的空间运动分解为平移(线运动)和转动(角运动)两部分进行研究,即沿载体对称轴的线运动和绕对称轴的角运动。而这种线运动、角运动的参数可以采用惯性传感器进行测量。

1. 载体的空间运动

测量载体的空间运动通常会利用加速度计、陀螺仪等设备,运用惯性导航方法和航迹推算方法。

(1) 加速度计是用来测量载体线加速度的惯性仪表。

(2) 陀螺仪是用来测量载体角运动参数的惯性仪表。

(3) 惯性导航方法采用惯性传感器测量载体自身的线运动和角转动参数,进而实现导航功能,它是一种完全自主式的先进的导航方法。

(4) 航迹推算方法是由已知初始位置根据加速度及方向的测量值来计算当前速度和位置。

为了便于分析问题,我们通过分析载体在二维平面的运动情况来研究惯性导航原理。

当考虑载体在二维平面运动时,我们选择东向 E、北向 N 坐标轴来构成载体运动的参考坐标系。

根据牛顿运动学定理有:

$$s = s_0 + \int v \mathrm{d}t$$

$$V = V_0 + \int a \mathrm{d}t \tag{2-7}$$

如果能够获得载体在参考坐标系内东向和北向的运动速度 v_E、v_N,就可以计算出载体在参考坐标系内东向和北向的位置分量 S_E、S_N:

$$S_E = S_{E_0} + \int v_E \mathrm{d}t \tag{2-8}$$

$$S_N = S_{N_0} + \int v_N \mathrm{d}t \tag{2-9}$$

同理,如果能够获得载体在参考坐标系内东向和北向的运动速度,就可以实现导航。如果能够获得载体在参考坐标系内东向和北向的运动加速度 a_E、a_N,就可以计算出载体在参考坐标系内东向和北向的速度分量 v_E、v_N,即

$$v_E = v_{E_0} + \int a_E \mathrm{d}t \tag{2-10}$$

$$v_N = v_{N_0} + \int a_N \mathrm{d}t \tag{2-11}$$

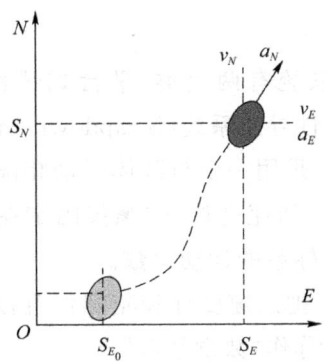

图 2-15　载体平面运动

2. 加速度计测量基准实现方案

可以通过以下两种方案实现加速度的测量。

方案 1：通过一个平台使加速度计输入轴始终保持与参考坐标轴方向一致，加速度输入值就是沿参考坐标系的加速度。具体如图 2-16 所示。

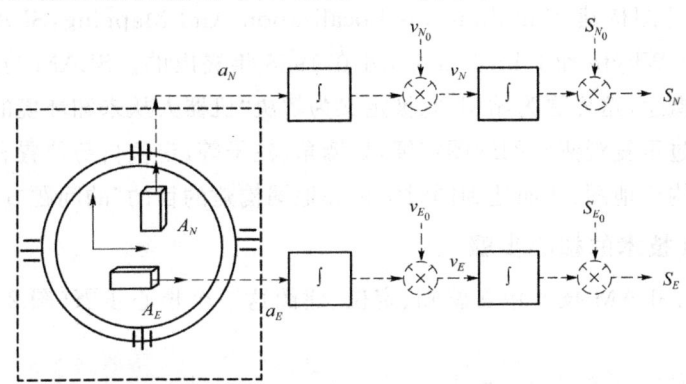

图 2-16　加速度计输入轴与参考坐标轴方向一致的惯性导航原理示意图

方案 2：加速度计输入轴始终保持与载体坐标轴方向一致，加速度计输出载体轴向运动加速度。同时利用陀螺仪测量载体坐标轴相对参考坐标轴的转动角度，从而将沿载体坐标轴方向加速度分解到参考坐标轴上。具体如图 2-17 所示。

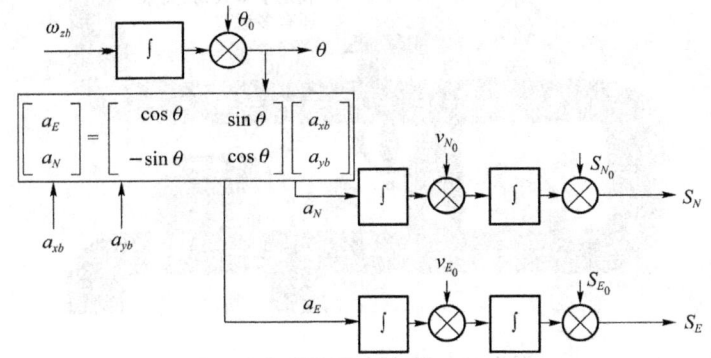

图 2-17　加速度计输入轴与载体坐标轴方向一致的惯性导航原理示意图

(二) 分类

从结构上来说,惯性导航系统有两大类：平台式惯性导航系统（Gimbaled Inertial Navigation system）和捷联式惯性导航系统（Strapdown Inertial Navigation Systems）。

（1）平台式惯性导航系统。采用一个与载体运动相隔离的陀螺稳定平台（惯性导航平台），来建立一个参考坐标系。加速度计、陀螺仪固定在平台上，其测量轴不受载体运动的影响，测量载体相对参考坐标系的运动参数。

（2）捷联式惯性导航系统。把加速度计和陀螺仪直接固联在载体上，由计算机来完成惯性导航平台的功能，有时也称作"数学平台"。

三、SLAM 技术

地面无人作战系统尤其是军用地面无人作战系统面临的应用环境很可能是"全新"的，对于无人作战系统来说一切都是"未知"的。如何让无人作战系统认识自己所处的环境并有效执行自己被赋予的使命任务？这就需要同步定位与地图构建技术的支持了。

同步定位与地图构建（Simultaneous Localization And Mapping，SLAM）技术最早是由 Hugh Durrant-Whyte 和 John J Leonard 在 1988 年提出的。SLAM 与其说是一个算法不如说它是一个概念，这样更为贴切，它被定义为解决"机器人从未知环境的未知地点出发，在运动过程中通过重复观测到的地图特征，如墙角、柱子等，定位自身位置和姿态，再根据自身位置增量式的构建地图，从而达到同时定位和地图构建的目的"的问题方法的统称。

（一）SLAM 技术的核心步骤

大体上而言，SLAM 技术包含感知、定位、建图这三个核心步骤（图 2-18）。

图 2-18　SLAM 技术的核心步骤

(1) 感知。机器人能够通过传感器获取周围的环境信息。
(2) 定位。通过传感器获取的当前和历史信息,推测出自身的位置和姿态(即位姿)。
(3) 建图。根据自身的位姿以及传感器获取的信息,描绘出自身所处环境的样貌。

例如,有一天张三和朋友们一起外出吃饭,晚上在李四家留宿。那么问题来了,第二天早上张三醒来后,如何知道自己是在谁家里呢?这个问题很简单,看看房子周围的环境就知道了。张三观察房屋信息的过程就是感知的过程,这时候张三需要提取房子里对自己有效的信息,如房子的面积、墙壁的颜色、家具的特征等,如果看到了李四本人,基本上就知道自己在谁家里了。这个确定在谁家里的过程,就是定位。那么建图呢,张三在意识到自己在李四家之后,自然地就把"李四家"和李四家观察到的特征关联起来了,这个就是建图。张三从李四家出来,在回家的路上,张三一路观察周围的环境,估算自己走了多少个街区(定位),一路在脑海里构建这一路走来周围环境的地图(建图)。

以上就是 SLAM 技术的核心步骤。从上面的例子可以发现,感知是 SLAM 技术的必要条件,只有感知到周围环境的信息才能够可靠地进行定位以及构建周围环境的地图。而定位和建图是一个相互依赖的过程,定位依赖于已知的地图信息,张三只有知道李四家的位置,才知道自己离开李四家的距离;建图依赖于可靠地定位,知道自己离开多远后,才知道左边的建设银行离李四家的距离。当然定位和建图的数据必然包含了张三一路上观察感知到的自己的相对位移以及对位移的修正。

通过这个例子,我们可能认为 SLAM 技术不是很复杂,这是因为人的大脑很聪明,在潜意识中解决了 SLAM 技术的核心问题——特征提取和追踪以及最优后验估计。

(二) SLAM 技术的核心问题

SLAM 技术的核心问题基本上可以分为前端和后端两个部分。前端主要处理传感器获取的数据,并将其转化为相对位姿或其他机器人可以理解的形式,即特征提取和追踪;后端则主要处理最优后验估计的问题,即位姿、地图等的最优估计(图 2-19)。

图 2-19 SLAM 技术的核心问题

机器人所拥有的传感器主要有：深度传感器（超声波、激光雷达、立体视觉等），视觉传感器（摄像头、信标），惯性传感器（陀螺仪、编码器、电子罗盘）以及绝对坐标（WUB、GPS）等。与人对环境的感知不同，机器人从这些传感器中获取的信息非常有限，不能充分地表征机器人周围的环境。例如，常用2D激光雷达仅能获取一个平面的深度信息；摄像头获得的图像数据机器人不能像人脑那样充分地分辨出每个物体的属性、特征。

如图2-20所示，在人的视野里看到的情况如图2-20(a)所示，但对于只装配了2D激光雷达的机器人而言，它看到的世界却是如图2-20(b)中的样子。因此，前端如何充分可靠地获取更多的有效信息，一直是众多SLAM技术的研究者所研究的一个课题。同时，传感器均会存在噪声，无论是传感器本身固有的噪声还是获取的错误数据，均会对SLAM技术造成影响。故SLAM技术的另一个核心问题是：如何从这些带有噪声的信息中，最优地估计出机器人的位姿以及地图信息。目前SLAM技术处理后端问题的方法可大致分为两类：①基于概率模型的方法；②基于优化的方法。基于概率模型的SLAM技术是2D-SLAM技术中比较主流的方法，比较具有代表性的有EKF、UKF以及PF等，这类方法已经相对比较成熟，也逐渐地被应用在了商业场景中；基于优化的SLAM技术是近些年SLAM技术研究的主流方向，大多应用在VSLAM领域，比较具有代表性的有TORO、G2O等。

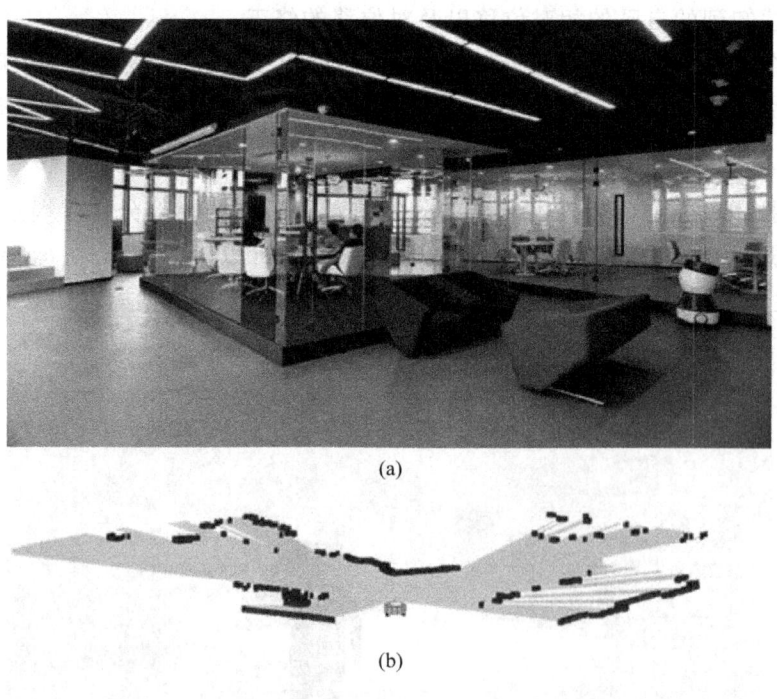

图2-20 感知传感器获得的结果

（三）SLAM技术的实现方法

正如上文所述，SLAM技术后端优化的主流方法目前主要分为基于概率模型的方法和基于优化的方法两种。作为 SLAM 技术"古典时期"的经典方法,基于概率模型的 SLAM 技术有着一套十分完备的理论体系,并以其优良的性能,至今仍活跃在 SLAM 技术的应用领域中。作为 SLAM 技术入门必学经典,下面就大致介绍下基于概率模型的 SLAM 技术。

基于概率模型的 SLAM 技术基本上都可以源自贝叶斯估计,通俗地说,贝叶斯估计就是通过基于假设的先验概率、给定假设下观察到的不同数据的概率以及观察到的数据本身求出后验估计的方法。其公式如下:

$$p(A_k \mid B) = \frac{p(B \mid A_k)p(A_k)}{\sum_{i=1}^{m} p(B \mid A_i)p(A_i)}, k = 1, 2, 3, \cdots, m \qquad (2-12)$$

这里我们再次以张三为例。张三从李四家走出来没多久,有点不记得自己到底走了几个街区。这时候张三发现自己右边有个建设银行,这样就可以大概推测出走过多少个街区。接下来,张三使用贝叶斯估计来算自己看到右手边有个建设银行后,自己处在各个街区的概率,标记为 $p(A|B)$(图 2-21)。

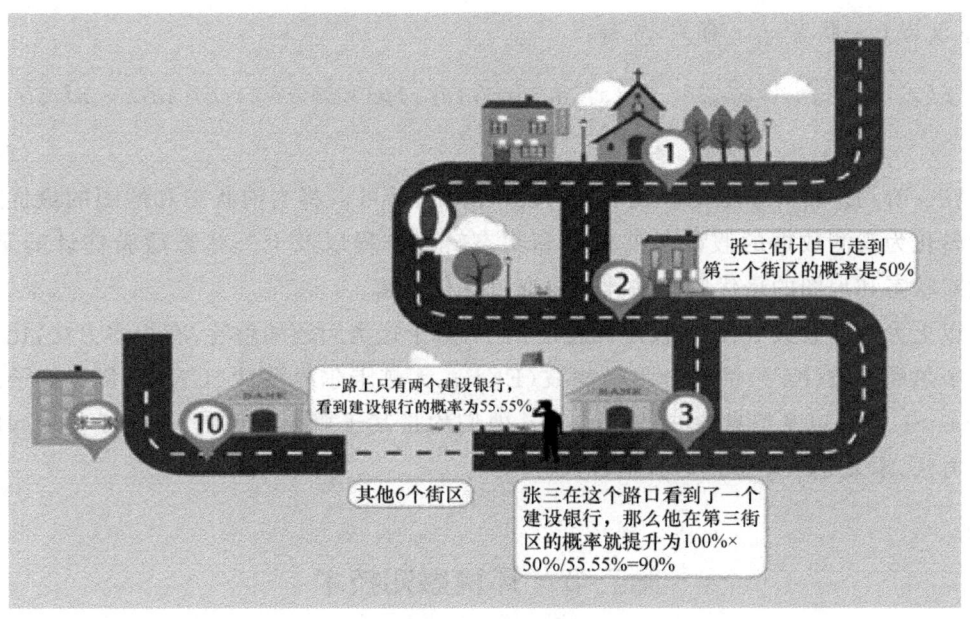

图 2-21 贝叶斯估计

右手边有个建设银行这个事件是张三可用于估计自身位置的有效信息,假设张三看到右手边有个建设银行的概率记为 $p(B)$,那么条件概率 $p(B|A_i)$ 的含义就是假设张三处在第 i 街区,看到自己右手边是建设银行的概率。$p(A_i)$ 的含义是张三处在第 i 街区的概率。从张三到李四家共有十个街区,在第 3 街区的概率 $p(A_3)=10\%$。如果知道右手边有个建设银行后,确定自己位置的概率就不一样了:一路上总共有 2 个建设银行,那么这一路看到建设银行的概率 $p(B)=2/10=20\%$,但假设自己在第 3 街区,那么看到建设

银行的概率就是 $p(B|A_3)=100\%$。那么在观察到建设银行的情况下,张三处在第 3 街区的概率就提升到了 $100\%\times10\%/20\%=50\%$。如果张三比较确信没观察到建设银行之前自己处在第 3 街区的概率为 50%,其余街区的概率均匀分布,那么一路看到建设银行的概率 $p(B)=100\%\times50\%+100\%\times5.55\%+0\%\times5.55\%\times8=55.55\%$,则在观察到建设银行的结果下,张三处于第 4 街区的概率上升为 $100\%\times50\%/55.55\%=90\%$。由此可见,贝叶斯估计提供了一种通过先验估计结合观测信息来获得后验估计的方法。

那么,贝叶斯估计究竟是如何应用在 SLAM 技术中的呢?对于一个经典的 SLAM 技术的问题,假设 x_t 是 t 时刻的状态量,$z_{1:t}$ 为 $1\sim t$ 时刻的观测量,$u_{1:t}$ 是 $1:t$ 时刻的控制量,m 是地图,则 SLAM 技术需要求解的是在已知控制量、观测量概率分布的情况下,机器人的位姿状态以及地图最优估计的问题。即:

$$p(x_t,m|z_{1:t},u_{1:t})=\frac{p(z_t|x_t,m,z_{1:t-1},u_{1:t})p(x_t,m|z_{1:t-1},u_{1:t})}{p(z_t|z_{1:t-1},u_{1:t})} \quad (2-13)$$

由于 $p(z_t|z_{1:t-1},u_{1:t})$ 不依赖于 x,对任何后验概率 $p(z_t|z_{1:t-1},u_{1:t})$ 都是相同的,可以看作一个常量。在这里假设系统模型的状态转移服从一阶马尔科夫模型,即当前状态 x_t 仅与上一状态 x_{t-1} 有关,故有:

$$p(x_t,m|z_{1:t-1},u_{1:t})=\int p(x_t,m|x_{t-1},u_{1:t})p(x_{t-1},m|z_{1:t-1},u_{1:t-1})dx_{t-1}$$

$$(2-14)$$

在一阶马尔科夫模型的假设下,通过贝叶斯估计可以将当前状态和地图的最优后验估计转化为观测数据的假设条件概率和状态转移方程以及上一状态后验估计的函数。因此对状态和地图的最优后验估计可以通过迭代求解。

以上为一个经典 SLAM 技术问题的例子,对于这类问题的解答,有很多方法,比如经典的卡尔曼滤波(KF)、扩展卡尔曼滤波(EKF)、无迹卡尔曼滤波(UKF)、R-B 粒子滤波器(FastSLAM)以及信息滤波(SEIF)等。他们均是基于概率模型的 SLAM 技术问题的求解方法,本质是求出最优后验估计。

第二节 环境感知技术

在地面无人系统涉及的技术中,感知是最基础的部分,没有对车辆周围三维环境的定量感知,就犹如人没有了眼睛,无人驾驶的决策系统就无法正常工作。为了安全与准确地感知,无人驾驶系统使用了多种传感器,主要包括超声波雷达、毫米波雷达、激光雷达,以及摄像头。超声波雷达由于反应速度和分辨率的特性主要用于倒车雷达。激光雷达和毫米波雷达主要承担中长距测距和环境感知的功能。

激光雷达在测量精度和速度上表现得更出色,是厘米级的高精度定位中不可或缺的部分,但是其制造成本极其昂贵,并且其精度易受空气中悬浮物的干扰。相较而言,毫米波雷达则更能适应较恶劣的天气,抗悬浮物干扰性强,但是仍需防止其他通信设备和雷达之间的电磁波干扰。可见光的摄像头视觉数据分析与处理基于发展已久的传统计算机视觉领域,其通过摄像头采集到的二维图像信息推断三维世界的物理信息,现通常应用于交通信号灯识别和其他物体识别。图2-22给出了常用的感知传感器类型。

图 2-22　常用的感知传感器类型

无人车的成功涉及高精地图、实时定位以及障碍物检测等多个技术,而这些技术都离不开激光雷达。本章首先介绍激光雷达的工作原理包括如何通过激光扫描出点云,其次详细解释激光雷达在无人驾驶技术中的应用,包括地图绘制、定位和障碍物检测,最后讨论激光雷达目前面临的挑战,包括外部环境干扰、数据量大、成本高等问题。

一、雷达传感器感知技术

地面无人系统涉及高精地图、实时定位,以及障碍物检测等多个技术,而这些技术都离不开激光雷达以及毫米波雷达。本节简单介绍激光雷达以及毫米波雷达的工作原理,特别是产生点云的过程。

(一) 工作原理

激光雷达(Light Detection And Ranging,LiDAR)是一种光学遥感技术,它通过首先向目标物体发射一束激光,然后根据接收——反射的时间间隔确定目标物体的实际距离。其次根据距离及激光发射的角度,通过简单的几何变化推导出物体的位置信息。由于激光的传播受外界影响小,LiDAR能够检测的距离一般可达100 m以上。与传统雷达使用无线电波相比较,LiDAR使用激光射线,商用LiDAR使用的激光射线波长一般在600～1 000 nm,远远低于传统雷达所使用的波长。因此,LiDAR在测量物体距离和表面形状上可达到更高的精准度，一般精准度可以达到厘米级。

LiDAR 系统一般分为三个部分：①激光发射器，发射出波长为 600～1 000 nm 的激光射线；②扫描与光学部件，主要用于收集反射点距离与该点发生的时间和水平角度（Azimuth）；③感光部件，主要检测返回光的强度。因此，我们检测到的每一个点都包括了空间坐标信息(x,y,z)及光强度信息$<i>$。光强度与物体的光反射度（Reflectivity）直接相关，所以从检测到的光强度我们也可以对检测到的物体有初步判断。

毫米波雷达是频率在 10～200 GHz 的电磁波，由于其波长在毫米量级，因此处于该频率范围的电磁波也被工程师们称为毫米波。应用在自动驾驶领域的毫米波雷达主要有 3 个频段，分别是 24 GHz、77 GHz 和 79 GHz。不同频段的毫米波雷达有着不同的性能和成本。

24 GHz 频段用于短距离探测，处在该频段上的雷达的检测距离有限，因此常用于检测近处的障碍物（车辆）；77 GHz 频段用于长距离探测，性能良好的 77 GHz 雷达的最大检测距离可以达到 160 m 以上，因此常被安装在前保险杠上，正对汽车的行驶方向；79 GHz 频段用于长距离探测，根据公式：光速＝波长×频率，频率更高的毫米波雷达，其波长越短。波长越短，意味着分辨率越高；而分辨率越高，意味着在距离、速度、角度上的测量精度更高。因此，频段 79 GHz 的毫米波雷达必然是未来的发展趋势。

毫米波雷达相比于 LiDAR 有更强的穿透性，成本相对较低，但其获得的数据稳定性不如 LiDAR 的，不能提供障碍物高度信息以及对金属物体特别敏感。这些原因都限制了其在无人系统中的应用。

地面无人系统使用的 LiDAR 并不是静止不动的。在地面无人系统行驶的过程中，LiDAR 同时以一定的角速度匀速转动，在这个过程中不断地发出激光并收集反射点的信息，以便得到全方位的环境信息。LiDAR 在收集反射点距离的过程中，同时也会记录下该点发生的时间和水平角度，并且每个激光发射器都有其编号和固定的垂直角度，根据这些数据就可以计算出所有反射点的坐标。LiDAR 每旋转一周，收集到的所有反射点坐标的集合就形成了点云（Point Cloud），如图 2-23 所示。

图 2-23　LiDAR 生产的点云

如图 2-24 所示，LiDAR 通过激光反射可以测出和物体的距离，因为激光的垂直角度是固定的，记作 a，这里我们可以直接求出 z 轴坐标为 $\sin(a) \cdot \text{distance}$。由 $\cos(a) \cdot \text{distance}$ 可以得到 distance 在 xy 平面的投影，记作 xy_distance。LiDAR 在记录反射点距离的同时也会记录下当前 LiDAR 转动的水平角度 b，这样根据简单的集合转换就可以得到该点的坐标分别为 $\cos(b) \cdot xy\_\text{distance}$ 和 $\sin(b) \cdot xy\_\text{distance}$。

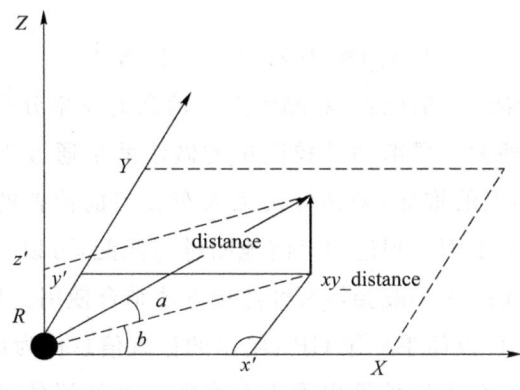

图 2-24　点云产生的坐标示意图

（二）LiDAR 在无人系统中的应用

本节介绍 LiDAR 是如何应用在无人系统中的，特别是面向高清地图的绘制、基于点云的定位，以及障碍物检测。

1. 高清地图的绘制

这里的高清地图不同于我们日常用到的导航地图。高清地图是由众多的点云拼接而成，其主要用于无人系统的精准定位。高清地图的绘制也是通过 LiDAR 完成的。安装 LiDAR 的地图数据采集车在想要绘制高清地图的路线上多次反复行驶并收集点云数据，后期会经过人工标注，首先过滤一些点云图中的错误信息，如由路上行驶的汽车和行人反射所形成的点，其次对多次收集到的点云数据进行对齐拼接形成最终的高清地图。

2. 基于点云的定位

首先讲定位的重要性。目前高精度的军用差分 GPS 在静态时确实可以在"理想"的环境下达到厘米级的精度。这里的"理想"环境是指大气中没有过多的悬浮介质而且在测量时 GPS 有较强的接收信号。然而，无人系统是在复杂的动态环境中行驶，尤其在大城市中，由于各种高大建筑物的阻拦，GPS 多路径反射（Multi-Path）的问题会更明显。这样得到的 GPS 定位信息很容易就有几十厘米甚至几米的误差。对于在有限宽度上高速行驶的汽车，这样的误差很有可能导致交通事故。因此，必须有 GPS 之外的手段增强无人车定位的精度。

上面提到过，LiDAR 会在车辆行驶的过程中不断地收集点云来了解周围的环境。我们可以很自然地想到利用这些观察到的环境信息帮助我们定位。可以把这个问题用下面这个简化的概率问题表示：已知 t_0 时刻的 GPS 信息，t_0 时刻的点云信息，以及无人车 t_1 时刻可能在的三个位置：P_1、P_2 和 P_3（这里为了简化问题，假设无人车会在这三个位置中的某一个），求 t_1 时刻车在这三个点的概率。根据贝叶斯估计，无人车的定位问题可以简化为

$$P(X_t) \approx P(Z_t|X_t) \cdot \overline{P(X_t)} \tag{2-15}$$

其中，$P(Z_t|X_t)$ 表示在给定当前位置，观测到点云信息的概率分布。其计算方式一般分为局部估计和全局估计两种。局部估计较简单的做法就是通过当前时刻点云和上一时刻点云的匹配，借助几何上的推导，来估计出无人车在当前位置的可能性。全局估计就是利用当前时刻的点云和上面提到过的高清地图进行匹配，可以得到当前车相对地图上某一位置的可能性。在实际中一般会将两种定位方法结合使用。$\overline{P(X_t)}$ 表示对当前位置的预测的概率分布，这里可以简单地用 GPS 给出的位置信息作为预测。通过计算 P_1、P_2 和 P_3 这三个点的后验概率，可以估算出无人车在哪一个位置的可能性最高。通过对两个概率分布相乘，可以很大程度上提高无人车定位的准确度，如图 2-25 所示。

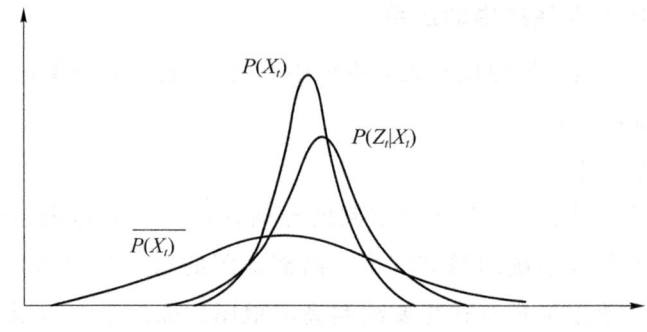

图 2-25 基于点云的定位

3. 障碍物检测

众所周知，在机器视觉中一个比较难解决的问题就是判断物体的远近，基于单一摄像头抓取的 2D 图像无法得到准确的距离信息，而基于多摄像头生成深度图的方法又需要很大的计算量，不能很好地满足无人车在实时性上的要求。另一个棘手的问题是光学摄像头受光照条件的影响巨大。物体的识别准确度很不稳定。图 2-26 是因为光线条件不好，所以出现了图像特征匹配的问题。由于照相机曝光不充分，图 2-26(a) 中的特征点在图 2-26(b) 中没有匹配成功。图 2-27(a) 展示了 2D 物体特征匹配成功的例子：啤酒瓶的模板可以在 2D 图像中被成功地识别出来，但是如果将镜头拉远，如图 2-27(b) 所示，则只能识别出右侧的啤酒瓶是附着在另一个 3D 物体的表面而已。2D 的物体识别由于维度缺失的问题很难在这个情境下做出正确的识别。

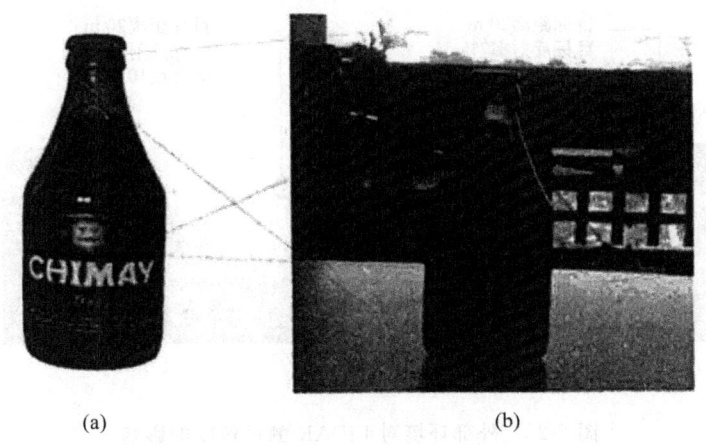

图 2-26　暗光条件下图像特征匹配的挑战

图 2-27　2D 图像识别中存在的问题

利用 LiDAR 生成的点云可以很大程度上解决上述两个问题，借助 LiDAR 本身的特性可以对反射障碍物的远近、高低，甚至是表面形状有较准确的估计，从而大大提高障碍物检测的准确度，而且在算法的复杂度上低于基于摄像头的视觉算法，因此更能满足无人车的实时性需求。

（三）LiDAR 面临的挑战

前面我们专注于 LiDAR 对无人驾驶系统的帮助，但是在实际应用中，LiDAR 也面临着许多挑战。要想把无人车系统产品化，必须解决这些问题。本节讨论 LiDAR 的技术挑战、计算性能挑战、成本挑战、生产挑战。

1. 技术挑战

LiDAR 的精度会受天气的影响。空气中悬浮物会对光速产生影响。大雾及雨天都会影响 LiDAR 的精度。测试环境为小雨的降雨量小于 10 mm/h，中雨的降雨量在 10~25 mm/h，如图 2-28 所示。

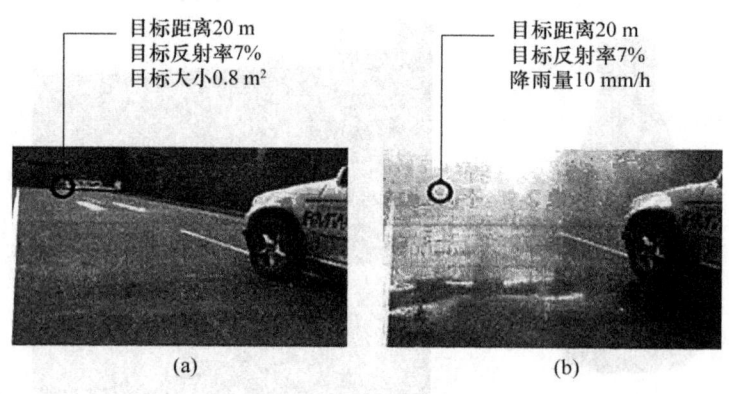

图 2-28　外部环境对 LiDAR 测量精度的影响

如图 2-29 所示,这里使用了 A 和 B 两个来自不同制造厂的 LiDAR,可以看到随着雨量的增大,两种 LiDAR 的最远探测距离都线性下降。雨中或雾中的传播特性最近几年随着激光技术的广泛应用越来越受学术研究界的重视。研究表明,雨和雾都是由小水滴构成的,雨滴的半径直接和其在空中的分布密度直接决定了激光在传播的过程中与之相撞的概率。相撞概率越高,激光的传播速度受到的影响越大。

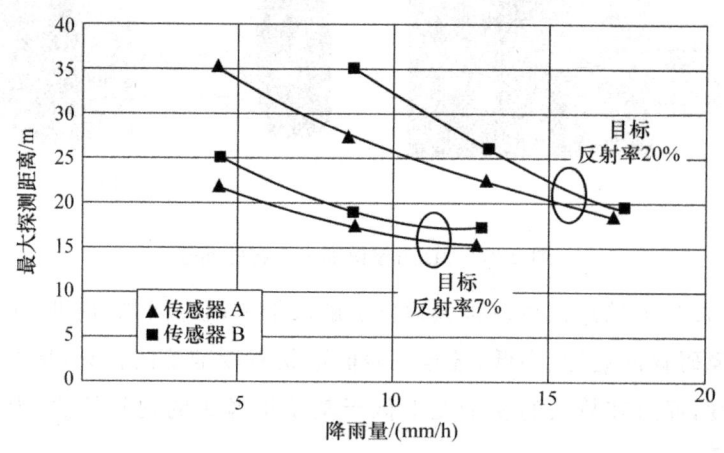

图 2-29　降雨量对 LiDAR 测量影响的量化

2. 计算性能挑战

表 2-4 中,即使是型号为 Velodyne VLP-16 的 LiDAR 每秒钟要处理的点也达到了 30 万个。如此大量的数据处理是无人车定位算法和障碍物检查算法的实时性需要面临的一大挑战。例如,之前所说的 LiDAR 给出的原始数据只是反射物体的距离信息,需要对所有的产生的点进行几何变换,将其转化为位置坐标,这其中至少涉及了 4 次浮点运算和 3 次三角函数运算,而且点云在后期的处理中还有大量坐标系转换等更多复杂的运算,这些都对计算资源(CPU、GPU 和 FPGA)提出了很大的需求。

表 2-4　不同 LiDAR 的每秒计算量比较

型号	通道数量/个	每秒产生点数/个
Velodyne HDL-64E	64	2 200 000
Velodyne HDL-32E	32	700 000
Velodyne VLP-16	16	300 000

3. 成本挑战

LiDAR 的造价也是要考虑的重要因素之一。上面提到的型号为 Velodyne VLP-16 的 LiDAR 官网税前售价为 7 999 美元,而型号为 Velodyne HDL-64E 的 LiDAR 预售价也在 10 万美元以上。这样的成本要加在本来就没有过高利润的汽车价格中,无疑会大大阻碍无人车的商业化。

4. 生产挑战

在目前能够量产 LiDAR 产品的厂家中,技术比较成熟、产品可靠性好、配套开发工具丰富的生产厂家还主要集中在国外,国内目前 LiDAR 产品开发生产还处在简单仿制阶段。这对用于军事装备型号研发、应用都提出了很大挑战,LiDAR 产品国产化之路任重而道远。

二、计算机视觉感知技术

本节着重介绍基于计算机视觉的无人驾驶感知系统。在现有的无人驾驶系统中,LiDAR 是当仁不让的感知主角,但是由于 LiDAR 的成本高等因素,业界有许多讨论关于是否可以使用成本相对较低的摄像头去承担更多的感知任务。本节会探索基于视觉的无人驾驶感知方案。首先,验证一个方案是否可行,我们需要一个标准的测试方法:被广泛使用的无人驾驶视觉感知数据集 KITTI。其次,讨论计算机视觉在无人车场景中使用到的具体技术,包括 Optical Flow 和立体视觉、物体的识别和跟踪,以及视觉里程计算法。

计算机视觉在无人车上的使用有一些比较直观的例子,如交通标志和信号灯的识别(谷歌)、高速公路车道的检测定位(特斯拉)。现在,基于 LiDAR 信息实现的一些功能模块其实也可以用基于计算机视觉的摄像头来实现。下面介绍计算机视觉在无人驾驶上的几个应用场景(图 2-30)。当然,这只是计算机视觉在无人车上的部分应用,随着技术的发展,越来越多的基于计算机视觉的算法会让无人车的感知更准确、更快速、更全面。

计算机视觉在无人车场景中解决的最主要问题可以分为两大类:物体的识别与跟踪,以及车辆本身的定位。①物体的识别与跟踪。通过深度学习的方法,无人车可以识别在行驶途中遇到的物体,比如行人、空旷的行驶空间、地上的标志、红绿灯,以及旁边的车辆等。由于行人及旁边的车辆等物体都是在运动的,我们需要跟踪这些物体以达到防止碰撞的目的,这就会涉及 Optical Flow 等运动预测的算法。②车辆本身的定位。通过基于拓扑与地标的算法,或者是基于几何的视觉里程计算法,无人车可以实时确定本身的位置，以满足自主导航的需求。

图 2-30　计算机视觉在无人驾驶上的应用场景

（一）物体的识别与跟踪

从像素层面的颜色、偏移和距离信息到物体层面的空间位置和运动轨迹，是无人车视觉感知系统的重要功能。无人车视觉感知系统需要实时地识别和追踪多个运动目标（Multi-Object Tracking，MOT），如车辆和行人。物体识别问题是计算机视觉的核心问题之一，最近几年由于深度学习的革命性发展，计算机视觉领域大量使用卷积神经网络，物体识别的准确率和速度得到了很大提升，但总的来说物体识别算法的输出一般是有噪声的：物体的识别有可能不稳定，物体可能被遮挡，可能有短暂误识别等。MOT 问题中流行的识别与跟踪方法就要解决这样一个难点：如何基于有噪声的识别结果获得鲁棒的物体运动轨迹。在 ICCV 2015 会议上，斯坦福大学的研究者发表了基于马尔可夫决策过程（MDP）的 MOT 算法来解决这个问题，下面我们就详细介绍这个方法。

运动目标的追踪用一个 MDP 来建模，如图 2-31 所示。

（1）运动目标的状态：$s \in S = S_{active} \cup S_{tracked} \cup S_{lost} \cup S_{inactive}$，这几个子空间各自包含无穷多个目标状态。被识别到的目标先进入 active 状态，如果是误识别，目标进入 inactive 状态，否则进入 tracked 状态。处于 tracked 状态的目标可能进入 lost 状态，处于 lost 状态的目标可能返回 tracked 状态，或者保持 lost 状态，或者在足够长时间之后进入 inactive 状态。

（2）作用 $a \in A$，所有作用都是确定性的。

（3）状态变化函数 $T: S \times A \rightarrow S$ 定义了在状态 s 和作用 a 下目标状态变为 s'。

（4）奖励函数 $R: S \times A \rightarrow R$ 定义了作用 a 之后到达状态 s 的即时奖励，这个函数是从训练数据中学习的。

(5) 规则 $\pi:S \rightarrow A$ 决定了在状态 s 采用的作用 a。

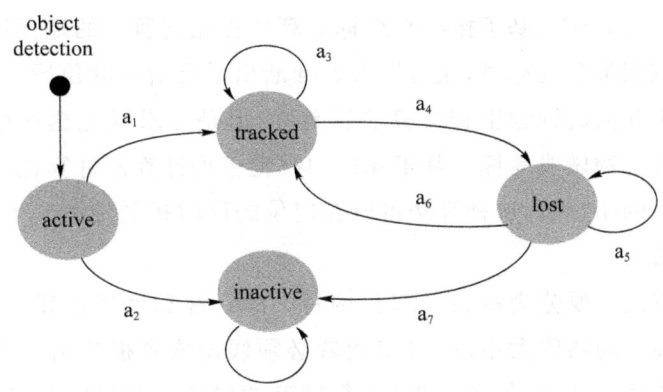

图 2-31　MDP 状态转换示意图

如图 2-32 所示,这个 MDP 的状态空间变化如下。

(1) 在 active 状态下,物体识别算法提出的物体候选通过一个线下训练的支持向量机(SVM),判断下一步的作用是 a_1 还是 a_2,这个 SVM 的输入是候选物体的特征向量、空间位置大小等,它决定了在 S_{active} 中的 MDP 规则 Π_{active}。

(2) 在 tracked 状态下,一个基于跟踪-学习-检测的追踪算法的物体线上外观模型被用来决定目标物体是否保持在 tracked 状态还是进入 lost 状态。这个外观模型(Appearance Model)使用当前帧中目标物体所在的矩形(Bounding Box)作为模板(Template),所有在 tracked 状态下收集的物体外观模板在 lost 状态下被用来判断目标物体是否回到 tracked 状态。另外,在 tracked 状态下,物体的追踪使用上述外观模型模板,矩形范围内的 Optical Flow 和物体识别算法提供的候选物体和目标物体的重合比例决定是否保持在 tracked 状态,如果是,那么目标物体的外观模板自动更新。

(3) 在 lost 状态下,如果一个物体保持 lost 状态超过一个阈值帧数,就进入 inactive 状态;物体是否返回 tracked 状态由一个基于目标物体与候选物体相似特征向量构建的分类器决定,对应了 S_{lost} 中的规则 Π_{lost}。

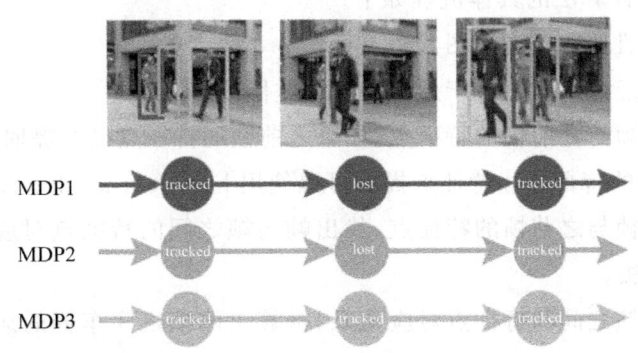

图 2-32　MDP 状态转换实例

（二）车辆本身的定位

基于视觉的车辆定位算法有两大分类：一种是基于拓扑与地标的算法，另一种是基于几何的视觉里程计算法。基于拓扑与地标的算法首先把所有的地标组成一个拓扑图，其次当无人车监测到某个地标时，便可以大致推断出自己所在的位置。基于拓扑与地标的算法相对于基于几何的视觉里程计算法容易些，但是要求预先建立精准的拓扑图，比如将每个路口的标志物做成地标。基于几何的视觉里程计算法计算比较复杂，但是并不需要预先建立精准的拓扑图，这种算法可以在定位的同时扩展地图。下面我们将着重介绍视觉里程计算法。

视觉里程计算法主要分为单目及双目两种。单目视觉里程计算法存在的主要问题是无法推算出观察到的物体大小，所以使用者必须假设或者推算出一个初步的大小，或者通过与其他的传感器结合（如陀螺仪）进行准确的定位。双目视觉里程计算法通过图中三角剖分计算出特征点的深度，然后从深度信息中推算出物体的大小。图 2-33 所示为双目视觉里程计算法原理图。

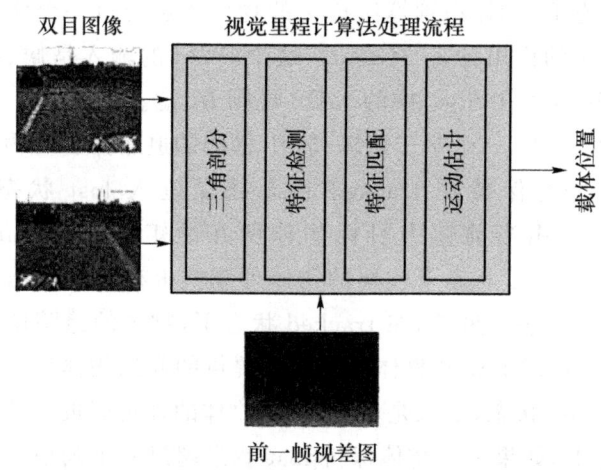

图 2-33　双目视觉里程计算法原理图

双目视觉里程计算法的具体流程如下。

（1）双目摄像机抓取左右两图。

（2）双目图像经过三角剖分产生前一帧视差图。

（3）提取当前帧与之前帧的特征点，如果之前帧的特征点已经提取好了，那么我们可以直接使用之前帧的特征点。特征点提取可以使用 hams corner detector。

（4）对比当前帧与之前帧的特征点，找出帧与帧之间的特征点对应关系。具体可以使用 RANSAC 算法。

（5）根据帧与帧之间的特征点对应关系，推算出两帧之间车辆的运动。这个推算是最小化两帧之间的 reprojection error 实现的。

(6) 根据推算出的两帧之间车辆的运动,以及之前的车辆位置,计算出最新的车辆位置。

通过视觉里程计算法,无人车可以实时推算出自己的位置,进行自主导航,但是纯视觉定位计算的一个很大的问题是算法本身对光线相当敏感。在不同的光线条件下,同样的场景不能被识别。特别在光线较弱时,图像会有很多噪点,极大地影响了特征点的质量。在反光的路面,这种算法也很容易失效。这也是影响视觉里程计算法在无人驾驶场景普及的一个主要原因。可能的解决方法是在光线条件不好的情况下,更加依赖根据车轮及雷达返回的信息进行定位,我们将在后面章节中详细讨论这部分内容。

无人驾驶可能是计算机视觉发展的一次难得的机遇,无人车研究工作爆发带来的资源,无人车收集的大量真实世界的数据和 LiDAR 提供的高精度三维信息可能意味着计算机视觉将要迎来"大数据"和"大计算"带来的红利,数据的极大丰富和算法的更新迭代提高相辅相成,会推动计算机视觉研究的前进,从而在无人系统中起到更加不可或缺的作用。

目前感知传感器性能提高的研究方向主要集中在两个方面。①多传感器信息的有效融合。随着芯片技术的发展车载平台计算能力的提高,多传感器数据的融合会更高效。②人工智能、深度学习技术的发展使得海量数据能够更有效地得到利用,对计算机视觉算法的更新迭代起到更好的推动作用。

第三节 规划技术

无人系统作为一个复杂的软、硬件结合系统,其安全可靠运行需要车载硬件、传感器集成、感知、预测,以及控制规划等多个模块的协同配合工作。无人系统的规划可以分为任务规划和运动规划两个层级。

一、任务规划

作战任务规划的基本任务是:在深刻理解战略意图和对战场情况正确判断的基础上,紧紧抓住事关作战全局的任务重心,通过对作战企图、参战力量、行动步骤和作战方法的总体设计,为战役准备和战役实施提供作战指导和决心建议,并且以此为依据有效地进行作战方案的制订和推演评估,优选出最能体现上级作战意图、适应战场态势变化、具有实战使用价值的作战方案和保障方案,高效完成预先作战计划、应急行动计划及任务指令的拟制和生成。

(一) 任务规划概念

任务规划最早是以美国军方为代表的西方国家于 20 世纪 70 年代提出的概念,并在指挥信息系统框架内展开任务规划系统建设,主要用于空战领域。任务规划系统的应用给指挥效能提升带来了显著影响。

任务规划就是对交派的工作进行计划安排。将其映射到作战领域,就是对受领的作战任务进行计划安排。作战筹划是指挥员及其指挥机关对作战行动进行的运筹和谋划。从广义上讲,作战筹划包括判断情况、形成构想、定下决心、制订计划等指挥活动,这些指挥活动与西方国所认为的"计划安排"内涵一致。

任务规划(Task Planning)相对抽象一些,因为一般情况下它不直接控制机器人。例如,我们都知道如何把一头大象放进冰箱,其具体步骤就是开冰箱,放大象,关冰箱。而这些步骤其实就是任务规划,而开冰箱的过程,比如说以怎样的路径去开冰箱,这就是运动规划。因此任务规划更偏向于高层决策,而非过程实现。对于简单任务,比如说把 a 抓起来,放到 b 上面。这种一般不需要严格区分任务规划或者运动规划。只有对于复杂任务才有做任务规划的价值。

(二)任务规划功能

无人作战系统的任务规划一般包括以下几个模块。

1. 路径规划

任务规划最开始应用于航空器的飞行规划,随着技术的不断成熟和数字地球的不断完善,路径规划成为当前比较成熟且实践运行最多的规划,即根据任务、敌情和地形,选择兵力兵器合适的机动路线,包括空中机动路线、地面机动路线、水面机动路线、水下机动路线等。空中机动路线又包括进入航线、退出航线、行动航线等,以及汇集点、攻击点、转弯点等关键点位;地面机动路径又包括行军路线、接敌路线、渗透路线、攻击路线等。随着无人驾驶技术的不断突破,完全自主的路径规划水平也会也越来越高。

2. 目标规划

作战任务尤其是战术级和平台级的作战任务,可以具体化为一个个战场目标,如兵力突击目标、火力打击目标、电磁攻击目标等。目标规划就是对目标进行分配,把目标分配给最合适的作战单元或作战平台,在作战目标与作战单元或作战平台之间建立匹配对应关系。目标规划很早就应用于航空器任务规划,主要用于空对空或空对地侦察、打击、干扰目标的选择和分配。

3. 兵力规划

根据作战任务、敌我双方作战能力等实际情况,确定兵力的类型和数量。这包括总体兵力类型和数量需求,某一阶段、某一方向、某一行动的兵力类型和数量需求,某一子任务的兵力类型和数量需求等。基于总体兵力类型和数量需求,可以确定作战编成;基于子任务的兵力类型和数量需求,可以确定作战编组。受技术条件制约,目前兵力规划的智能化、自动化水平有待提升,大部分工作仍停留在兵力管理层面。通常由人来确定兵力类型和数量借助机器辅助实现兵力的编成和组合。

4. 资源规划

对作战所需要的各种保障资源进行规划,包括资源需求量、损耗量、储备量,以及资源分配等。根据作战资源的不同,又包括频谱资源、信道资源、IP资源、空域资源等作战保障资源规划,以及运输资源、物资资源、器材资源等后方保障资源规划。

5. 协同规划

利用协同规划,检测不同作战行动在时间、空间、频谱上的协同冲突,设计不同作战行动在时间、空间、频谱上的协同配合要求与方法,并确定时间、地点、频率等误差范围。

二、运动规划

运动规划(Motion Planning)和路径规划(Path Planning)做的事情也类似,因此有时可以看作一个东西,顾名思义,就是在给定的空间中找出一条可行的路线让机器人去执行。对于真的是"空"的空间(一点障碍物都没有),这个事情是非常好办的,只要把开始点和结束点连起来,然后在中间插值就行了。而对于含有障碍物的空间,我们就得先做一点处理了。为了直观一点,以图 2-34 为例进行说明。

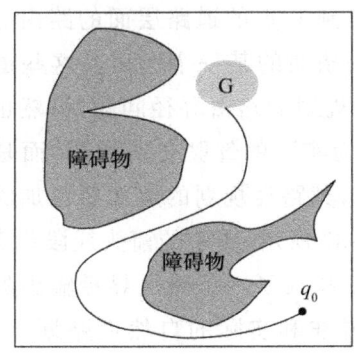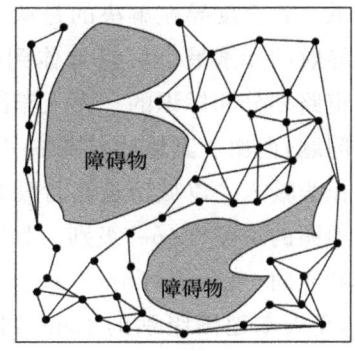

图 2-34 运动规划示意图

以机器人在平面中移动为例,在图 2-34 中 q_0 是机器人,G 是目的地,图中的黑线是我们期望得到的规划路径。为了得到这条路径,我们可以这么做:

(1) 在空间中随意撒播一堆点;

(2) 去掉撒到障碍物里面的点;

(3) 运用搜索算法,查找沿着这些点从 q_0 到 G 的最短路径;

(4) 这个最短路径就是规划出来的最优路径。

这个只是一个简单的例子,因为障碍物是静态的,对于动态障碍物处理方法就很多了,当然核心思想还是类似的,就是找一条可行路径。

无人系统的运动规划(Motion Planning)也称为路径规划,目的就是为无人系统规划出可通行的路径,即路由寻径(Routing)。它的输入包括无人车所在位置即起点、需要到达的目标位置即终点、中间途径的中间点。它的输出为规划好的一条宏观上的路径信息，包括每个点的位置、速度、方向等信息，为底层运动控制系统中路径跟踪模块提供输入，如图 2-35 所示。

图 2-35 运动规划数据流示意图

（一）运动规划问题的描述

运动规划即路由寻径，其作用在简单意义上可以理解为实现无人车软件系统内部的导航功能，即在宏观层面上指导无人车软件系统的控制规划模块按照什么样的道路行驶，从而实现从起始点到目的地点。值得注意的是，这里的路由寻径虽然在一定程度上类似传统的导航，但其细节上紧密依赖于专门为无人车导航绘制的高精度地图，所以与传统的导航有本质不同。

普通的谷歌或者百度导航解决的是从 A 点到 B 点的道路层面的路由寻径问题。普通导航其底层导航的元素最小可以具体到某一条路的某一个车道。这些道路和车道都是符合自然的道路划分和标识的。无人车路径规划的路由寻径问题，虽然也是要解决从点到点的路由问题，但由于其输出结果并不是为实际的驾驶员所使用，而是给下游的动作规划等模块作为输入。以城市道路行驶为例，其路径规划的层次要更加深入到无人车所使用的高精地图的道路（Lane）级别。如图 2-37 所示，图中的箭头线段代表高精地图级别的道路划分和方向。Lane1，Lane2，…，Lane8 构成了一条路由寻径输出的路由片段序列。可以看到，无人车地图级别的 Lane 划分并非和实际的自然道路划分对应。例如，Lane2，Lane5，Lane7 都代表了由地图定义绘制的"虚拟"转向 Lane。类似地，一条较长的自然道路也可能被划分为若干个 Lane（如 Lane3，Lane4）。

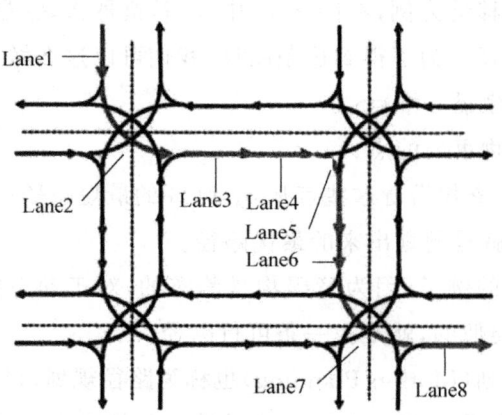

图 2-36 高精地图道路级别路由寻径

作为整体无人车控制规划系统的最上游模块,路由寻径模块的输出严格依赖于无人车高精地图(HD-Map)的绘制。在高精地图定义绘制的路网(Road Graph)的道路划分的基础上,以及在一定的最优策略定义下,路由寻径模块需要解决的问题是计算出一个从起点到终点的最佳道路行驶序列:

$$\{(\text{Lane}, \text{Start\_position}, \text{End\_postion})\} \quad (2\text{-}16)$$

其中,$(\text{Lane}, \text{Start\_position}, \text{End\_postion})_i$ 被称作一个路由片段(Routing Segment),所在的道路由 Lane 来标识,$(\text{Start\_position}, \text{End\_postion})_i$ 分别代表在这条路由上的起始纵向距离和结束纵向距离。

(二)运动规划问题的求解

无人车寻径模块和普通的谷歌或者百度导航不同,无人车路由寻径所考虑的因素不仅仅局限于路径的长短和拥塞情况等,还需要考虑无人车执行某些特定行驶动作的难易程度。例如,无人车路由寻径可能会尽量避免在短距离内进行换道,因为无人车的规划控制算法出于安全考虑,需要的换道空间可能比正常驾驶员驾驶所需要的换道空间更大。从安全第一的原则出发,无人车路由寻径模块可能会给"换道"路径赋予更高的代价(Cost)。

我们可以将无人车在高精地图的 Lane 级别寻径问题,抽象成一个在有向带权图上的最短路径搜索问题。路由寻径模块首先会基于 Lane 级别的高精度地图,在一定范围内所有可能经过的 Lane 上进行分散"撒点"操作,我们称这些点为"Lane Point"。这些点代表了对无人车可能经过的 Lane 上的位置的抽样。这些点与点之间,由有向带权的边进行连接,如图 2-37 和图 2-38 所示。一般来说,在不考虑倒车这一特殊情况下,Lane Point 之间是沿着 Lane 行进方向单向可达的关系。连接 Lane Point 之间边的权重,代表了无人车从一个 Lane Point 行驶到另一个点的潜在代价。Lane Point 的采样频率需要保证即使是地图上被分割比较短的 Lane,也能得到充分的采样点。Lane Point 之间的连接具有局部性(Locality)。虽然同一条 Lane 上面的点是前后连接的,但值得注意的是,不同 Lane 之间的 Lane Point 也有相互连接的关系。一个明显的例子是,在转弯时,转弯 Lane 的第一个 Lane Point 和其前驱 Lane 的最后一个 Lane Point 自然连接在一起。另外两条相邻的平行 Lane,在可以合法进行换道的位置(如白色虚线位置),其对应位置的 Lane Point 也可能互相连接。

图 2-37 给出了几个典型 Lane 连接场景的 Lane Point 之间的权重设置:在任何一个 Lane 的内部采样点 Lane Point 之间,我们把 Cost 设置为 1;考虑到右转的代价低于左转,我们把直行接右转的 Cost 设置为 5,直行接左转的 Cost 设置为 8,右转 Lane 内部 Lane Point 连接 Cost 设置为 2,左转 Lane 内部 Lane Point 连接 Cost 设置为 3。在图 2-37 的换道场景中,两条平行且可以换道的 Lane,每条 Lane 内部的连接 Cost 依然为 1,但为了突出换道的代价,我们把相邻 Lane 之间的连接权重设置为 10。

按照图 2-37 设置的 Cost,在图 2-38 所示的一个路网(Road Graph)下,我们来对比从点 A 到点 B 两个可能不同的路由路径 Route1 和 Route2。其中,Route1 对应从 Lane1 出发,在左下角的路口处直行接 Lane4,之后接 Lane5,再继续直行经过 Lane10 和 Lane11,

最后直行经过 Lane12 到达目的地；Route2 对应同样从点 A 所在的 Lane1 出发，但在左下角的第一个路口处右转接 Lane2，然后直行并且从 Lane3 换道至 Lane6，在右下角路口处经过 Lane7 左转接直行 Lane8，最后在右上角的路口处右转 Lane9 进入最后目的地点 B 所在的 Lane12。即使 Route2 的实际物理长度小于 Route1，按照图 2-37 设置的 Cost，无人车 Routing 也会偏向于选择总 Cost 较小的 Route1（假设属于不同 Lane 的 Lane Point 之间的连接 Cost 除图 2-37 外均为 1，大家可以验证 Route1 的总 Cost 为 22，Route2 的总 Cost 为 44）。我们将在后面介绍几种常用的规划算法。

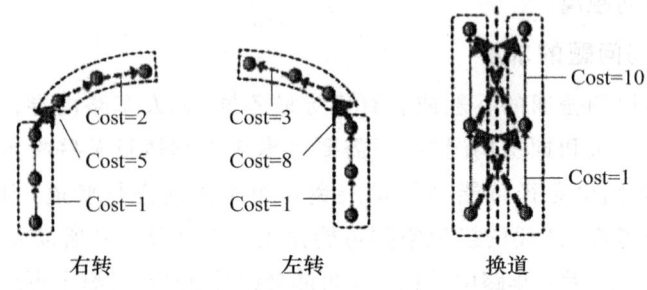

图 2-37 右转、左转和换道典型场景下路点间代价的设置

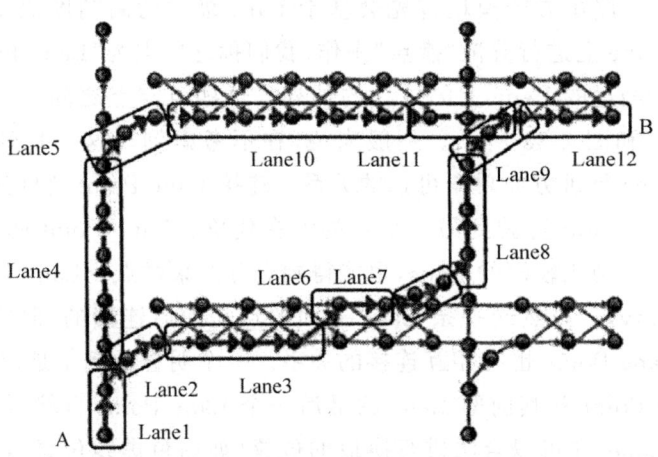

Route1: Lane1→Lane4→Lane5→Lane10→Lane11→Lane12
Route2: Lane1→Lane2→Lane3→Lane6→Lane7→Lane8→Lane9→Lane12

图 2-38 路由寻径有向带权图上的最短路径问题抽象

三、常用规划算法

针对前面学习的无人系统路由寻径有向带权图的最短路径问题，我们介绍几种常见的无人车算法。

（一）Dijkstra 最短路径算法

Dijkstra 算法是一种常见的图论中的最短路径算法，由 Edsger W Dijkstra 在 1959

年发表。给定一个图中的源节点(Source Node)，Dijkstra 算法会寻找该源节点到所有其他节点的最短路径。结合无人车路由的 Lane Point 场景，该算法的描述如下。

（1）从高精地图的路网数据接口中读取一定范围的地图 Lane 连接数据，按照上节所述进行 Lane Point 抽样并构建 Lane Point Graph。将无人车主车所在 Lane 的最接近的 Lane Point 设为源节点，目的地所在 Lane 的最接近的 Lane Point 设为目的节点。设置源节点到其他所有节点（包括目的节点）的距离为无穷大(Inf)，源节点到自身的距离为 0。

（2）当前节点设置为源 Lane Point，把其他所有 Lane Point 设置为未访问(Unvisited)并且放到一个集合中 Unvisited Set，同时维护一个前驱节点的映射 prev_map，保存每一个已经访问(Visited)的 Lane Point 到其前驱 Lane Point 的映射。

（3）从当前 Lane Point 节点出发，考虑相邻能够到达的所有未访问的 Lane Point，计算可能的距离(Tentative Distance)。例如，当前 Lane Point X 被标记的距离为 3，Lane Point X 到 Lane Point Y 的距离为 5，那么可能的距离为 $3+5=8$。比较该 Tentative Distance 和 Lane Point Y 的当前标记距离。如果 Lane Point Y 的当前标记距离较小，那么保持 Lane Point Y 的当前标记距离不变；否则，更新 Lane Point Y 的当前标记距离为这个新的 Tentative Distance 并且更新 prev_map。

（4）对当前 Lane Point 的所有连接的 Unvisited Lane Point 重复步骤（3）的操作，当所有相连接的 Lane Point 均被操作过之后，标记当前的 Lane Point 为 Visited，从 Unvisited 的集合中去除。Visited 的 Lane Point 的标记距离将不再被更新。

（5）不断从 Unvisited 的 Lane Point 集合中选取 Lane Point 作为当前节点并重复步骤（4），直到我们的目标 Lane Point 被从 Unvisited 集合中去除；或者在一定范围内的 Lane Point 均已经无法到达(Unvisited 集合中最小的 Tentative Distance 为无穷大，代表从源 Lane Point 无法到达剩下的所有 Unvisited Lane Point)。此时，需要返回给下游模块没有可达路径（寻径失败），或者重新读入更大范围的地图路网数据重新开始寻径的过程。

（6）当找到从点 A 到点 B 的最短路径后，根据 prev_map 进行 Lane 序列重构。

（二）A* 算法

在无人车路由寻径中常用的算法是 A* 算法。A* 算法是一种启发式的搜索算法。A* 算法在某种程度上和广度优先搜索(BFS)、深度优先搜索(DFS)类似，都是按照一定的原则确定如何展开需要搜索的节点树状结构。A* 算法可以认为是一种基于"优点"(Best First/Merit Based)的搜索算法。

A* 算法首先会维护一个当前可能需要搜索展开的节点集合(Open Set)。每次循环，A* 算法会从这个 Open Set 中选取 Cost 最小的节点进行展开继续深入搜索，这个 Cost 由 $f(v)=g(v)+h(v)$ 两部分组成。在 A* 算法的搜索树结构中，每个节点 v 都有一个由源点到该节点的最小 Cost，记为 $g(v)$；同时每个节点 v 还对应一个启发式的 Cost（称之为 Heuristic），记为 $h(v)$；其中，$h(v)$ 作为一个 Heuristic，用来估计当前节点 v 到目标节点的最小 Cost。当该 $h(v)$ 满足一定的属性时，A^* 算法能够保证找到源节点到目的节点的最短路径。A^* 算法的搜索树在每次循环中都会展开 $f(v)=g(v)+h(v)$ 最小的节点，直至到达目的节点。

A^* 算法作为一种启发式（Heuristic Based）的搜索算法，当 $h(v)$ 的定义满足 Admissible 属性，即 $h(v,\text{dst})$ 不会超过实际的 $h(v,\text{dst})$ 之间的最小 Cost 时，总是能找到最短的路径。当 Heuristic 不满足这一条件时，A^* 算法并不能保证找到最短路径。在上节描述的 Lane Point 有向带权图场景下，对于任意两个 Lane Point A 和，一种 Heuristic 启发函数的定义为：

$$h(u,v)=\text{dist}(u,v) \tag{2-17}$$

其中，dist(·) 代表两个 Lane Point 之间在地球经纬度的距离。

A^* 算法作为一种最优优先算法（Best First），可以看作是 Dijkstra 算法的一种扩展。Dijkstra 算法可以看成 A^* 算法中启发函数 $h(u,v)=0$ 的一种特例。

（三）人工势场法

Khatib 受物理学中磁场现象的启发，提出了人工势场法。在该方法中，障碍物和目标位置分别产生斥力和引力，我们可以沿着势场的最陡梯度来规划路径。例如，Stephen Waydo 使用流函数进行平滑路径的规划，Robert Daily 在高速车辆上提出谐波势场路径规划方法。

我们打两个比方来说明人工势场法的作用机理。首先，我们把构型空间比作一个电势场平面，机器人（的当前构型）比作空间中一点。如果让机器人的起点和障碍物带正电荷，终点带负电荷，机器人带正电荷。由于同性电荷相斥、异性电荷相吸的原理，机器人将会在电场力的作用下沿着某条路径向终点移动，并避开带正电荷的障碍物，如图 2-39 所示。

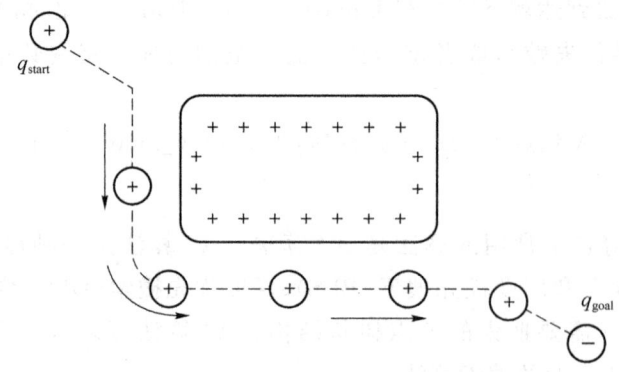

图 2-39 电势场

类似地，我们也可以把构型空间比作一个有起伏地形的区域。其中，起点和障碍物位于较高的区域，终点位于较低的区域，机器人视作一个球体。那么在重力的作用下，机器人将沿着某条轨迹从较高的起点滑落到较低的终点，并避开较高的障碍物，如图 2-40 所示。

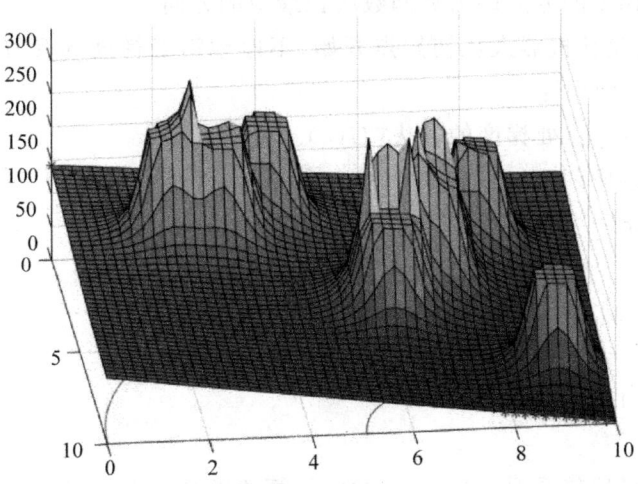

图 2-40　重力场

上述的两个例子其实就是电势场与重力场的作用机制,电势场和重力场都是自然势场。而人工势场法就是在已知起点、终点和障碍物位置的情况下,构建一个人工势场来模仿这种作用机制。人工势场法的优点在于,它其实是一种反馈控制策略,对控制和传感误差有一定的鲁棒性;人工势场法的缺点在于,它存在局部极小值问题,因此不能保证一定能找到问题的解。

我们利用势函数 U 来建立人工势场。势(场)函数是一种可微函数,空间中某点处势函数值的大小,代表了该点的势场强度。最简单的势函数是引力/斥力势函数。其作用思路很简单:让目标对机器人产生吸引力,障碍物对机器人产生排斥力。某点 q 处的势函数 $U(q)$ 表达为引力势和斥力势之和,即

$$U(q) = U_{\text{att}}(q) + U_{\text{rep}}(q) \tag{2-18}$$

其中,最常见的引力势函数表达式如下:

$$U_{\text{att}}(q) = \frac{1}{2}\mu d^2(q, q_{\text{goal}}) \tag{2-19}$$

其中,μ 为引力增益;$d(q, q_{\text{goal}})$ 为当前点 q 到目标点 q_{goal} 之间的距离。

最常见的斥力势函数表达式如下:

$$U_{\text{rep}}(q) = \begin{cases} \frac{1}{2}\theta\left(\frac{1}{D(q)} - \frac{1}{Q^*}\right)^2, & D(q) \leqslant Q^* \\ 0, & D(q) > Q^* \end{cases} \tag{2-20}$$

其中,$D(q)$ 为点 q 与其最近障碍物的距离;θ 为斥力增益;Q^* 为障碍物的作用距离阈值,大于此距离的障碍物不会产生斥力影响。

如果把某点 q 处的势函数的取值 $U(q)$ 看作该点的能量大小,那么梯度 $\nabla U(q)$ 则可以看作该点的力向量,其定义为

$$\nabla U(q) = \text{D}U(q)^{\text{T}} = \left[\frac{\partial U}{\partial q_1}(q), \cdots, \frac{\partial U}{\partial q_m}(q)\right]^{\text{T}} \tag{2-21}$$

可以看出,某点处梯度的方向即为势函数增长最快的方向。

梯度下降法就是让机器人从初始点开始,不停地沿着梯度的反方向行走,直到梯度为 0。用伪代码表示如下:

输入:一种计算 q 点处梯度的方法 $\nabla U(q)$
输出:一组轨迹序列 $\{q(0), q(1), \cdots, q(i)\}$
$q(0) = q\_start$
$i = 0$
while $\nabla U(q(i)) \neq 0$ do
    $q(i+1) = q(i) + \alpha(i)\nabla U(q(i))$
    $i = i + 1$
end while

其中,步长 α 的选择比较重要。如果 α 太小,计算速度会变慢;如果 α 太大,机器人可能会"跨进"障碍物中。

势场规划法能够在简单场景下实现实时性,同时在一些场景中可能陷入局部最小值,在这种情况下,所获得的路径不是最佳的或者可能找不到路径。另外,该算法不能处理高速驾驶场景中的车辆运动学约束,只通过了城市场景中的低速验证。

第四节　数据链技术

数据链路用于无人系统工作过程中,是连接无人系统平台和地面操控指挥人员与设备的信息桥梁,其基本功能是传递地面遥控指令,遥测接收无人系统平台的状态信息和传感器获取的情报信息。

无人机数据链路在功能上包括一条用于地面控制站对飞行器及机上设备控制的上行链路(也叫指挥链路)和一条用于接收无人机下行数据的下行链路。上行链路一般带宽为 10~200 Kb/s,无论何时地面控制站请求发送命令,上行链路必须保证随时能够传送。下行链路提供两个通道:①用于向地面控制站传递当前的飞行速度、发动机转速以及机上设备状态等信息的状态信道(也称遥测信道),该信道需要较小的带宽,类似于指挥链路;②用于向地面控制站传递传感器信息,它需要足够的带宽来传送大量的传感器信息,带宽范围为 300 Kb/s~10 Mb/s。一般下行链路都是连续传送的,但有时也会临时启动以传送机上暂存的等待发送的数据。数据链路也可用于测量地面天线相对于飞行器的距离和方位,这些信息用于无人机的导航,提高机载传感器对目标位置的测量精度。

一、数据链路的结构与工作原理

无人机数据链路一般由机载部分和地面部分组成。数据链路的机载部分包括机载数据终端(ADT)和天线。机载数据终端包括 RF 接收机、发射机以及用于连接接收机和发射机到系统其余部分的调制解调器。有些机载数据终端为了满足带宽的要求,还提供压缩数据功能。天线采用全向天线,有时也采用具有增益的定向天线。数据链路的地面部分包含地面数据终端(GDT)和一副或几副天线。GDT 包含 RF 接收机和发射机以及调制解调器。若传感器信息在传输前经过压缩,那么地面数据终端还需采用处理器对数据进行解压缩重建。数据压缩和重建可以设计在数据链路内部,也可以在数据链路外部。地面数据终端可以分装成几个部分,一般包括一辆天线车(可以放在离无人机地面控制站有一定距离的地方)、一条连接地面天线和地面控制站的本地数据连线,以及地面控制站中的若干处理器和接口。

无人机数据链路地面部分的工作原理为:首先,地面站发送的控制指令在信源编码器中进行指令编码;其次,将编码完的数据进行加密运算,加密完的数据同伪码产生器产生的伪码进行相加从而完成扩频,扩频完的扩频信号对载波信号进行调制,生成载波调制信号;最后,将此信号送至功率放大器进行功率放大,经过功率放大的射频信号经过馈线送到天线上,由天线发射出去。地面站在发射控制信息的同时,还进行遥测接收。机载下行信号通过天线和馈线送至高频放大器,经放大后的信号同本地振荡器进行混频,混频后得到的第一中频信号分为两路。一路送给侧向误差产生与处理电路,出来的结果送至天线伺服系统进行天线跟踪控制。另一路送至第二混频器同本地振荡器产生的信号进行混频,然后再通过带通滤波器进行滤波,此时的中频信号经过鉴频器鉴频后分成两路。①通过低通滤波器滤波产生视频信号,将视频信号送至监视器进行视频显示。②首先经过带通滤波器滤波,其次经过鉴频和分离电路恢复遥测基带信号与伪码数据流信号,遥测信号通过位环和帧环提取电路送至测控终端进行遥测数据处理,送至测距电路,测距电路将此信号同伪码产生器产生的伪随机码对比产生测距信号,最后将此测距信号送至测控终端进行数据处理。

无人机数据链路机载部分的工作原理为:机载飞行控制系统通过串行数据口发出遥测信号数据流,同时接收遥控指令数据流。对于遥控接收部分,从天线接收到的遥控信号经过接收机的放大、一次混频,由射频信号变换为中频信号,经过二次混频、放大,经过滤波、整形,进行解扩解调后,得到遥控基带信号数据流。该数据流通过解密后直接送至飞行控制计算机处理。对于遥测发射部分,来自飞行控制计算机或直接来自机上设备的遥测数据,首先经过遥测编码,其次经过载波调制得数下行的射频信号,该射频信号经过功率放大器送至天线,最后由天线发射出去。

二、对数据链路的特别要求

在战场上,无人机数据链路系统会受到各种电磁威胁,如反辐射攻击、电子截获和情报利用、欺骗反制、对数据链路的无意干扰和蓄意干扰等。因此,从作战需要来说,对无人机数据链路适应复杂电磁环境的能力有以下要求。

1. 抗反辐射攻击

采用遥控辐射天线和降低上行链路的占空比是可供考虑的抗击反辐射武器的措施。

理想的情况是上行链路只有在必须向无人机发送指令时才发送信号,这样上行链路便可以长时间保持静默。这是系统问题,因为整个系统的设计应该使上行链路的使用最少;同时也是数据链路问题,某些数据链路被设计成即使没有任何指令要传送也要定时辐射信号。抗反辐射武器可以通过采用低截获频率、频率捷变和扩频技术来实现。

2. 低截获频率

由于地面站常常需要保持一段较长时间的静止不动以对飞行中的飞行器进行控制,这就使其一旦确定方位就会成为炮火和导弹容易击中的目标。所以,上行链路需要具有低截获频率,而低截获频率对下行链路不是很重要。采用扩频、频率捷变、功率管理和低占空比技术可获得低截获频率。但受低成本的限制,低截获频率不是数据链路必须具备的功能。

3. 抗欺骗反制

对方通过对上行链路的欺骗可获得对飞机的控制权,从而引导飞机坠毁、改变飞行方向或将其回收。这比干扰造成的损失更加严重,因为欺骗可导致飞行器及机载设备的损失,而干扰一般只是影响其完成任务的好坏。而且,假如能够引导飞机坠毁,用一个简单的欺骗系统便可以依次引导多架飞机。对上行链路的欺骗方式也很简单,只要让无人机能够接收一条灾难性的指令即可。由于通用地面站的使用,无人机采用通用的数据链路和某些通用的指令码,所以对上行链路的保护要特别慎重。由于操作员能够识别欺骗数据,所以对下行链路的欺骗比较困难。采用文电鉴别码和某些抗干扰技术可获得抗欺骗的性能,抗欺骗单元可以在数据链路的外部实现,这是因为文电鉴别码可由系统软件产生,由机上计算机校验。

4. 抗干扰能力

数据链路在存在蓄意干扰的情况下保持正常工作的能力称为抗干扰能力,或叫抗干扰度。抗干扰能力的大小用抗干扰系数来衡量,抗干扰系数定义为无干扰时系统的实际信噪比与系统正常工作所需要的最小信噪比的比值,单位为 dB,即

$$R = 10 \lg(R) \tag{2-22}$$

其中,R 为信噪比下降倍数。抗干扰系数下降 40 dB 的含义是:干扰必须使接收机信噪比下降 10 000 倍($10 \lg(10\ 000) = 40$)以上才能使系统工作正常。

三、数据链路的抗干扰分析

抗干扰能力一般通过抗干扰系数来表示。与数据链路抗干扰系数相关的因素包括发射功率、天线增益和处理增益。

增加发射功率是克服干扰的有效途径。当数据链路的功率大于干扰机的功率时,就能取得良好的抗干扰效果。一般在无人机的下行数据链路中使用。

天线增益是天线在某方向上产生的功率密度与理想电源同一方向上产生的功率密度的比值,单位为分贝(dB)。当天线辐射的大小随角度而变且在某一方向上达到最大值时,在该最大方向上的天线增益称为峰值天线增益,其值可用下面的公式近似表示,即

$$G = 10\lg\left(\frac{27\,000}{\theta\phi}\right) \qquad (2\text{-}23)$$

其中,θ、ϕ 分别代表垂直和水平方向的半功率波瓣宽度。天线的波瓣宽度与天线的尺寸(h 和 ω)成反比,与辐射信号的波长 λ 成正比,式(2-23)就可以表示为

$$G = 10\lg\left(8.3\frac{h\omega}{\lambda^2}\right) \qquad (2\text{-}24)$$

处理增益是通过将干扰能量扩散到数据链路信号带宽之外来增强信号。在传输之前按某种带宽的方式对数据链路要传送的信息进行编码,在接收端通过解编码来恢复信号,这样处理可以实现对信号的增强。由于干扰机无法采用与数据链路相同的编码,因此它必须对经过人工扩展后的传输信号带宽进行干扰和覆盖。处理增益主要包括两种形式:①直扩通信,即对原信号加伪码调制以增大传输带宽,降低每单位频率间隔内的功率,这样为了达到干扰效果,干扰机的干扰频率必须达到整个传输带宽;②跳频通信,即载波频率按照伪随机序列跳变。如果干扰机不知道跳频方案,不能按跳频方案实时工作,它就必须干扰跳频工作的整个频段。

抗干扰系数的数学定义为

$$\text{抗干扰系数(dB)} = \text{处理增益(dB)} + \text{衰减系数(dB)} \qquad (2\text{-}25)$$

衰减系数是指系统正常工作可用的信噪比与所要求的信噪比的比值。经过仔细设计的数据链路具有一定的衰减系数,干扰机只有克服这个系数才能降低通信系统的工作效能。但是,在有效的干扰噪声进入通信系统之前,有效干扰噪声会被处理增益抑制,然后才在通信系统中出现。天线增益通过提升信号强度对衰减系数做出贡献。天线增益增加多少分贝,衰减系数和抗干扰系数就增加多少分贝。

四、数据链路的发展趋势

未来信息化作战需要无人机能够在更广阔的范围内作战,能够实时传送更大量的情报信息,并有能力进行信息的处理及向更广范围快速分发。随着作战需求和技术水平的提高,无人机数据链路未来的发展趋势如下。

1. 提高通信带宽和作用距离

为了满足未来作战中大量数据实时远程传送的需要,提高无人机数据链路的带宽和作用距离是必须的。目前,美国军方无人机的上行数据链路速率已达 200 Kb/s,下行数据链路速率分别为 1.544 Mb/s 和 50 Mb/s,作用距离 3 000 km 以上。未来提高数据链路通信速率的主要技术途径将是发展红外通信系统和光纤通信系统。

2. 发展一站多机数据链路系统

一站多机是指一个地面指控站可同时指控多架无人机。地面站一般采用时分多址方式向各无人机发送控制指令,采用频分、时分或码分等多址方式来区分不同无人机的遥控参数和载荷信息。如果作用距离较远,测控站需要采用增益较高的定向跟踪天线。在天线束波不能同时覆盖多架无人机时,需要采用多个天线或多波束天线。在不需要载

荷信息传输时,地面站一般采用全向天线或宽波束天线。当多架无人机超出视线范围之外时,需要采用中继方式。

3. 发展无人机数据链路系统

在未来信息化作战中,数据链路作为一种战场的信息处理、交换和分发系统,将是连接指挥中心、各级指挥所、各参战部队和武器平台的"战场神经传导系统",是实现指挥自动化的关键。近几年,无人机数据链路技术的快速发展,美国军方已发展和验证了一些无人机数据链路系统。"漫游者"数据链路系统已在美国空军"大西洋攻击"Ⅱ演习中成功演示了其双向传输能力。"漫游者"数据链路系统可提供来自无人机的全向视频,并可在多种该系统可识别的无人机系统之间实现互操作。该数据链路系统通过进行目标瞄准和提供实时情报/监视/侦察(ISR)信息,展示了可互操作的联合态势感知能力。此外,该数据链路系统还具有从有人机和无人机接收实时视频图像的能力。美国联合防务公司全球微波系统分部成功完成了一次无人机采用"高清晰度视频数据链"的飞行演示。从其在 609.6 m 高度获得并传回的视频中,可清晰地看到以 105 km/h 的速度行驶车辆的牌照。该系统包括:高清晰度信使发射机、采用 6 天线的信使灵巧接收机、可选的用于实现远距离覆盖信使天线阵列、一部高清晰度 MPEG-2 图像标准解码器。

思 考 题

1. 卫星导航系统在正常情况下具备哪些功能?
2. 惯性导航系统主要依靠的传感器是什么?
3. 激光雷达数据结构包含哪些?其层次结构是怎样的?
4. 视觉传感器的主要功能有哪些?
5. SLAM 技术的核心步骤是什么?
6. 运动规划主要解决无人系统的什么问题?
7. 任务规划的主要功能是什么?
8. 常用规划算法的特点和分类。

第三章　地面无人作战系统

地面无人作战系统是能够从一个地点自主移动到另一个地点并执行作战任务的平台系统，即在移动过程中无需外部人为辅助操作。地面无人作战系统具有在指定工作空间中自由运动至期望目标的特点，这种运动能力使得地面无人作战系统平台能够适用于结构和非结构环境中的众多应用。

第一节　地面无人作战系统的分类

地面无人作战系统是指在地面上行驶的执行军事任务的地面无人平台系统。其主要作用是替代有人作战系统执行各种任务，诸如侦察、扫雷排爆、火力打击、特种作战等。地面无人作战系统主要由无人机动平台、任务载荷、通信系统和地面指挥控制站四个部分组成。

形式多样的无人机动平台可以满足不同的任务需要，如战场巡逻、目标搜索、探雷和扫雷、爆炸物等危险品清理、战场突击等不同任务。无人机动平台广泛应用于侦察监视、警戒巡逻、电磁对抗、地面通信中继、定位引导、高危作业、阵地冲锋、特种作战、物资运输等任务，主要编配于陆军、海军陆战队以及各种地面后勤支援部队。无人机动平台根据不同的依据有不同的分类。

一、按行走方式划分

地面无人作战系统按行走方式的不同进行划分，主要可以分为：轮式无人机动平台、履带式无人机动平台、半履带式无人机动平台和腿式无人机动平台。

无人机动平台行驶在比较坚实的道路上，其行动系统中直接与路面接触的部分是车轮，这种行动系统称为轮式行动系统，这样的无人机动平台便是轮式无人机动平台；若行动系统中直接与路面接触的部分是履带，则称为履带式无人机动平台；若行动系统中直接与路面接触的部分既有车轮又有履带，则称为半履带式无人机动平台或轮履复合式无人机动平台。特殊行走机构无人机动平台采用特殊行走机构作为行走系统,则称为腿式无人机动平台,如美国"大狗"机器人。美国"大狗"机器人没有车轮或者履带,而是采用4条机械腿运动。其机械腿上面有各种传感器,包括关节位置和接触地面的部位。

轮式无人机动平台非常流行,其原因是轮式无人机动平台适合具有相对较低的机械复杂性和能耗的典型应用,适合高速行驶,同时也是民用量产车最多采用的底盘类型(图3-1)。

图3-1 俄罗斯"阿尔戈"无人平台

履带式无人机动平台主要用在非结构化路面上执行任务的地面平台,其特点是可以获得较强的驱动力,适应摩擦阻力较大的地面环境(图3-2)。

图3-2 美国"角斗士"战术无人车

腿式无人机动平台适用于在楼梯、废墟等非标准环境中完成任务。特别是具有 2 只、3 只、4 只或 6 只腿的平台备受关注。由于单腿平台只能跳跃,故单腿平台应用很少(图 3-3、图 3-4)。

图 3-3　美国"大狗"机器人

图 3-4　其他腿式机器人

二、按任务类型划分

地面无人作战系统按其所执行的任务不同,可分为无人侦察机动平台、无人巡逻机动平台、排爆扫雷机动平台、运输机动平台、无人打击机动平台等。

无人侦察机动平台通常要求平台的机动性要好,自重相对较轻,通过性好。如德国莱茵金属(Rheinmetall)公司研制的"任务大师-武装侦察"(Mission Master-Armed Reconnaissance)平台(图 3-5)。该无人侦察机动平台是为需要实时检索大量数据的高风险侦察任务而设计的,配有一个传感器套件和一个莱茵金属Fieldranger遥控武器站(RCWS),以便在需要时提供火力支援。传感器套件包括一套远程光电/红外传感器、一台360°全景摄像头、一台激光测距仪和一套激光瞄准系统。此外,还有一个3.5m的可延伸、可倾斜的桅杆,使机器人能够从掩体下勘测侦察。

图3-5 德国"任务大师-武装侦察"平台

无人巡逻机动平台通常要求平台的续航能力要好,如以色列"守护者"无人巡逻机动平台(图3-6)。该平台长2950 mm,宽1800 mm,高2200 mm,质量1700 kg,离地间隙380 mm,有效载荷300 kg,道路速度50 km/h,最高80 km/h,主要武器装备为12.7 mm的机枪和一门40 mm的自动榴弹发射器,需要时可安装催泪弹发射器、装甲盾牌、六管机枪和其他武器。

以色列"守护者"无人巡逻机动平台的主要特点:具备一定的自主能力,即在没有控制中心操作员参与的情况下,它能在指定路线和崎岖地形上巡逻,具备一定的"自学能力"。在部署突然变化的情况下,它具有独立确定重要战术巡逻区域的能力。

图3-6 以色列"守护者"无人巡逻机动平台

排爆扫雷机动平台通常要求平台的通过性要好,体积相对较小,自重相对较轻,对机动速度要求不高,但位置精度要求较高,如美国"魔爪"机器人(图3-7)。

图 3-7　美国"魔爪"机器人

美国"魔爪"机器人属于履带式军用机器人,早期的版本主要是为了在阿富汗战争中使用,用来执行清除简易爆炸装置和地雷的高危作业,所以在底盘之上配备的是机器人手臂,配备机器人手臂的版本(在把手臂收起时)长 86.4 cm,宽 57.2 cm,高 27.9 cm,离地距离为 7 cm。其手臂可以 360°旋转,上面配备有夹子、麦克风和扬声器等,通过双向无线电或光纤连接到一个防水的操作员控制单元进行控制,这个控制器采用四屏显示器,通过镍氢充电电池供电,操作员可以在最远 1 000 m 的距离之外控制这款机器人。

运输机动平台通常要求平台可运输较多负荷,通过性要求较高,如美国军方的多用途战术运输无人车 MUTT,能携带多种补给物资,可对部队实施伴随保障。

该平台是一辆 8×8 的无人全地形车,其将伴随步兵向前推进。除可拖拉重型装备甚至是受伤的士兵外,武装版本还配备了标枪反坦克导弹、12.7 mm 口径机枪和 M4 步枪。每台多用途无人战术运输车能够携带 450 kg 物资,在 72 h 内运行 40 多 km,在战场上安静运行以避免被敌方发现,同时还配备有车载电源,能为士兵的收发报机和夜视镜等外围电子设备充电。

无人打击机动平台要进行战场突击,通常要求平台的高速机动性好,有较强的火力打击能力,如俄罗斯的"天王星-9"无人作战机动平台。该平台是由俄罗斯第 766 技术设备生产局研制的,全重在 10 t 左右,采用柴油发动机作为动力,并配有一个无人炮塔。该平台最大的特点就是火力强大,其主炮是一门 2A72 型 30 mm 机关炮,辅助武器包括主炮旁边的 PKT/PKTM 机枪、9M120-1 反坦克导弹和什米尔 M 火焰喷射筒。它能够对 4 km 以内包括坦克在内的各种装甲和非装甲目标进行打击。

除以上两种分类方式外,地面无人作战系统还可以按战斗全重分为微型(小于 20 kg)、小型(20~200 kg)、轻型(200~1 000 kg)、中型(1 000~8 000 kg)、重型(大于 8 000 kg)。按动力类型分为燃油动力无人机动平台、纯电动无人机动平台、油电混合无人机动平台等。

第二节 地面无人作战系统的组成

地面无人作战系统的组成可以从不同的角度进行划分。民用的无人车辆的定义,是指一种能够以较高速度移动的机器人,能够感知行驶环境,进行自主决策,规划行驶路径,并控制车辆跟踪期望路径,到达设定的目的地,完成预定任务。与机器人类似,军用的无人车辆可以独立或者协调合作完成预定任务。根据以上定义,可以将地面无人作战系统分为导航定位子系统、环境感知子系统、任务规划子系统、平台及控制子系统、任务载荷子系统以及通信数据链路子系统。其中,导航定位子系统、环境感知子系统、任务规划子系统及通信数据链路子系统在第二章地面无人作战系统关键技术中已经作了介绍(图3-8)。

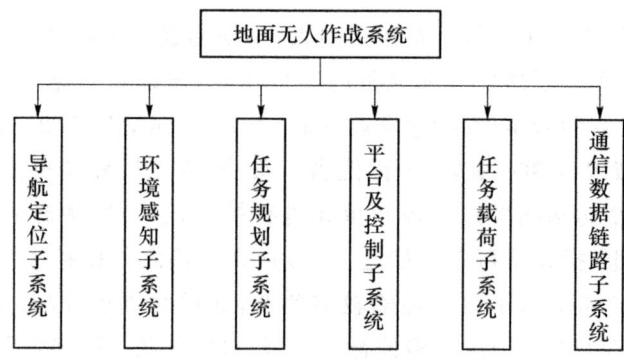

图3-8 地面无人作战系统的组成

一、平台及控制子系统

控制主要是指控制平台跟踪路径规划子系统得到的路径,也即无人机动平台的横向与纵向控制。和机器人控制一样,无人机动平台也存在着路径(Path)与轨迹(Trajectory)的区分。路径跟踪实质是通过控制无人机动平台的运动来减少无人机动平台与参考路径之间的空间上的误差。如果考虑轨迹,则还包括时间误差。平台是无人机动平台的重要组成部分。环境感知、决策规划及控制必须与平台进行一体化设计。各种无人机动平台在行驶环境中,以较高速度行驶时,都会与环境发生相互作用,这时车辆动力学与运动学特性就会影响到环境感知、决策规划和控制效果。以轮式无人机动平台为例,高速行驶的无人机动平台执行机构的控制输入、轮胎与地面摩擦引起的滑移、横向加速度引起的侧倾等动力学非线性约束条件比低速时更加苛刻。因此,无人机动平台一方面要在运动规划阶段计算出满足无人机动平台动力学和运动学约束的无碰撞运动轨迹,另一方面需要在跟踪阶段生成满足非线性动力学约束和执行机构极限约束的控制量。

二、任务载荷子系统

1. 侦察/探测载荷

在无人作战系统中,目前占比最大的是侦察/探测载荷。即便是在攻击型无人系统中,侦察载荷也是必不可少的。需要侦察/探测载荷协助完成的作战任务有:广域侦察、拒止区侦察(对禁止飞越的区域进行信息收集)、战术监视/侦察、监视/移动目标指示、战场情报准备、精确制导弹药瞄准、城区监视/侦察、部队防护、生化战剂侦测和识别、战斗损伤评估、本土防御、战场模拟演习等。无人作战系统的探测设备已经历了几代发展,目前应用的主要设备是光电侦察载荷,包括电视摄像机、红外探测器、水下光电探测系统等。雷达也是常见的设备之一,包括合成孔径雷达、激光雷达以及脉冲多普勒雷达等。另外,近年来还出现了一些新的具有应用前景的探测设备,如多光谱/超光谱成像(MSI/HSI)与光探测和测距(LiDAR)设备等。在实际应用中的探测装备,往往不是基于某一个物理原理的探测器,而是多探测器的集成,从而提高了探测的精度和环境适应能力。

1) 光电侦察载荷

光电侦察载荷是无人作战系统,尤其是在军用无人飞行器系统上装载的主要侦察、监视装备。随着光电技术的发展,电视摄像机和红外探测器的质量、体积、成本都大幅降低,这些侦察设备已装载到小型甚至微型无人作战系统上。

(1) 电视摄像机

电视摄像机已经取代最初的光学照相机,成为目前无人作战系统中最常见的一种光电侦察载荷,不仅用于监视、侦察获取实时图像情报,而且用于辅助地面操纵员遥控驾驶。目前的电视摄像机一般都采用焦平面阵列电荷耦合器件。北约在科索沃战争中使用的 7 种无人飞行器中有 6 种采用了焦平面阵列电荷耦合器件的电视摄像机,可见该类型的电视摄像机在昼间图像情报探测设备中的主导地位。焦平面阵列电荷耦合器件的主要优点是体积小、质量轻、功耗低、灵敏度高、抗冲击震动和寿命长,因而能够得到广泛的应用,它常和前视红外设备等组成多探测器系统,满足全天候实时图像情报的需要。

美国空军"捕食者"和陆军"猎人"无人机在其转台上便安装有商用实时电视摄像系统。美国空军"捕食者"的电视系统在近距离通常可以提供可见光图像。

(2) 红外探测器

红外探测器包括红外行扫描仪、前视红外设备等。法国的"独眼巨人"2 000 红外行扫描仪设计用于小型有人驾驶侦察飞机和无人飞行器,装配有结构紧凑的高性能(工作温度可低至 0.1 ℃)、高空间分辨率(8~12 μm)的红外行扫描仪,可以在垂直/水平范围内扫描,还有数据记录和显示设备。它也是法国军队"红隼"战场侦察无人飞行器传感器套件中的红外行扫描仪。

但红外行扫描仪目前很少在无人作战系统上使用,用得最多的是前视红外设备。前视红外设备是无可替代的昼夜全天候实时成像探测设备,它还常常被作为核心,与电视摄像机、激光测距仪/激光照射器组合成为多探测转台,昼夜执行多种任务。第一代前视红外设备采用红外扫描探测器。第二代采用扫描阵列红外探测器。第三代采用凝视焦平面阵列红外探测器，在成像焦平面上纵横着数以百计的红外敏感元件，通常和电荷耦合器件等信号处理电路集成在同一个芯片上，或通过铟柱连接集成在两个芯片上，一次完成成像探测、积分、滤波和多路转换功能。这种全固态红外成像器不仅体积小、质量轻、可靠性高，而且凝视比扫视具有更高的灵敏度和分辨率以及更远的作用距离。第四代前视红外设备采用 HgCdTe 传感器和先进的信号处理技术，可以覆盖整个可见光波段和近、中、远红外波段，可以为飞机提供 100 多 km 的红外搜索跟踪能力，并且在"全球鹰"无人机的红外搜索与跟踪系统中得到应用。

(3) 水下光电探测系统

现在已有美、英、俄、日、加拿大等国对水下光电探测系统进行研究，有的产品已投入实际使用。在军事领域，水下光电探测系统可以安装在潜艇、灭雷具、水下机器人等水下载具上，用于水中目标侦察、探测、识别等，可实施探雷、探潜、反潜网探测和潜艇导航避碰等。其中，研究得最多的是水下激光探测系统。表 3-1 是几种国外水下激光探测系统及其性能特点。

表 3-1 水下激光探测系统

水下激光探测系统的名称	成像方式	激光器及性能
美国 Sparta 水下激光探测系统	距离选通	Nd:YAG(倍频)(工作物质：半导体二极管泵浦 Nd:YAG 激光器)，波长 0.530 μm，脉宽<10 ns，重复频率 10 Hz，脉冲能量大约是 10 mJ，转换效率 1%
美国 Spectrum 水下激光探测系统	机械同步扫描	—
美国 LLNL 水下激光探测系统	机械同步扫描	氩离子激光器，输出功率大于 7 W，转换效率低于 0.1%，扫描频率 30 Hz，空间分辨率 1 mrad(毫弧度)，总视场 18°
美国微软公司 SM2000 型水下激光探测系统	脉冲同步扫描	氩离子激光器，输入功率 1.5 W，成像距离比普通水下摄像机提高 3~5 倍
美国 TVI 水下激光探测系统	脉冲同步扫描	He-Ne 激光器，输出功率 6 mW，波长 0.632 8 μm
美国水雷目视激光识别系统 LVIS	同步扫描	—
加拿大 LUCIE 水下激光探测系统	—	Nd:YAG 激光器，输出功率 80 mW，波长 0.532 μm

2) 雷达

(1) 合成孔径雷达

合成孔径雷达在无人系统中应用较多，它克服了一般雷达受天线长度和波长限制而使分辨率不高的缺陷，采用侧视天线阵，利用向前运动的多普勒效应，使多阵元合成天线阵列的波束锐化,从而提高雷达的分辨率。合成孔径雷达在夜间和恶劣气候时也能有效地进行工作,可以穿透云、雾和战场遮蔽物,以高分辨率进行大范围成像。目前,轻型天线和紧凑型信号处理装置的发展以及成本的降低,使合成孔径雷达已经能够装备在战术无人系统上。

美国的 TESAR 合成孔径雷达系统是"捕食者"中空长航时无人机的任务载荷。该系统是一种工作在 J 波段(15.4 GHz)的高性能轻型监视雷达,可用于各种地形和不利气候条件下。它可以以合成孔径雷达和运动目标指示两种模式工作。在合成孔径雷达模式下,分辨率为 0.3~1 m,在距离和扫描宽度上均可改变。在运动目标指示模式下,雷达可以将目标报告叠加在电子地图上。

(2) 激光雷达

激光雷达采用单色光且发射波束极窄,隐蔽性好,对地物和背景具有极强的抑制能力,不像红外成像系统那样易受环境变化的影响。另外,激光对红外隐身目标具有极高的灵敏度,且抗干扰能力十分突出。激光雷达波长短,与微波雷达相比,其体积和质量都比较小。就精度而言,激光雷达相对较高,分辨率达到分米甚至英寸级,令其他探测器很难超越。美国的"低成本自主攻击系统"(Low Cost Autonomous Attack System, LOCAAS)就是依靠其头部的激光雷达探测器完成制导、目标搜索、识别、定位和打击。LOCAAS 的激光雷达探测器在静态试验(91.4 m 高塔)和载飞试验中作用距离分别达到了 10 km 和 5 km,即使在雨、雪、雾和烟尘等条件下,也可以有较远的作用距离。经过验证,这种探测器具有对目标的三维成像能力,可实现自主制导,分辨率较高,可达英寸级。

(3) 脉冲多普勒雷达

脉冲多普勒雷达是应用多普勒效应并以频谱分离技术抑制各种杂波的脉冲雷达,能在强背景(地面、海面)中发现移动目标。

美国 AN/APS-144 雷达是一种轻型、J 波段脉冲多普勒目标指示雷达,目前已经安装在"琥珀"无人机上。在自身运动速度为 222 km/h 的情况下,该雷达可以探测出缓慢移动的小型车辆和人,适用于在短时间内进行大面积监视,典型应用包括战场前沿监视、阵地侦察、边界巡逻等。

3) 新型探测设备

为提高无人作战系统的侦察/探测能力,国外对新型探测装备和技术的研究从来没有停止过,并开发出了许多新型探测设备和技术,比较有应用潜力的是多光谱/超光谱成像以及光探测和测距设备。

(1) 多光谱/超光谱成像

多频谱探测设备寻求不同类型探测器,利用同一孔径,且有时利用同一半导体器件开展工作。这些探测器可以探测不同红外带宽、不同光谱甚至混合光和射频以及激光测距的光谱。这将提供更多信息并减轻信号处理负荷。超光谱成像可用于探测和生化战剂微粒识别,对气溶胶云的被动超光谱成像可以对非常规攻击提前告警,因此可以进行战场侦察和本土防御。另外,该设备还可以用来对付敌人的普通伪装、隐蔽和拒止战术。

美国海军研究实验室已经发出"战马"可见光/近红外超光谱传感器系统,并在"捕食者"无人机上进行了演示。

(2) 光探测和测距

光探测和测距是对指定感兴趣区域从纵向拍摄几幅图像,然后将其"合成"一幅图像。光探测和测距也可以用于透过障碍物成像。在有轻微或者中等厚度的云层、灰尘时,用精确短激光脉冲,并且只捕获第一批返回的光子,就能生成光探测和测距图像。另外,利用照射某种物质的颗粒或者气云,可以简化对该物质的识别过程。如果与超光谱摄像仪配合使用,光探测和测距可以提供对某种物质更为快捷和精确的识别,因此可以协助探测和识别生化战剂。

2. 武器载荷

对于要携带武器装备的无人作战系统来说,作战需求与模式有较大差别,其作战任务使命会有所不同,因此装备的武器也会不一样,各有特点。

由于无人飞行器通常比普通飞机体积更小,其武器舱比较小,因此,无人作战飞行器需配备较小的武器载荷。美国空军于2005年11月份向工业部门发出了对精确制导对地攻击武器进行改进的信息征召书,要求研制可以用于MQ-1和MQ-9"捕食者"无人机以及陆军MQ-5"猎人"无人机等平台的100磅级或100磅级以下的武器载荷。目前无人作战飞行器的作战任务有对地攻击、对敌防空系统压制、近空支援、打击时间关键目标等,因此已经或计划装备的武器大都是完成以上作战任务的,包括反坦克导弹、精确制导炸弹、末敏弹/制导子弹药、无人飞行器等。

1) 反坦克导弹

反坦克导弹是最早应用于无人机系统的武器。2002年11月3日的一次行动中,一架"捕食者"无人机发射其携带的"海尔法"导弹(图3-9),消灭了隐藏在一辆汽车中的6名基地组织成员,完成了由无人机系统发射反坦克导弹对地面目标的首次攻击。"海尔法"导弹长1 626 mm,弹径178 mm,弹重45.7 kg,一架MQ-1A"捕食者"无人机可以挂载2枚"海尔法"导弹。除"海尔法"导弹之外,美国雷声公司还研制了空射型"标枪"反坦克导弹(图3-10),可以作为无人机的载荷,曾与SA-GEM公司合作研究如何满足法国"斯普维尔"无人机的武器装备需求。

图3-9 挂载"海尔法"导弹的"捕食者"无人机

图3-10 空射型"标枪"反坦克导弹

2) 精确制导炸弹

在无人机上挂载精确制导炸弹,执行近空支援和对敌方防空系统压制任务也是空中无人武器系统的重要发展方向。计划中的精确制导炸弹主要是 GPS/INS 制导的,如 GBU-39 SDBⅡ(小直径炸弹)。美国洛克希德马丁与波音公司共同研制的小直径炸弹Ⅱ,作为无人机的理想战斗载荷,长 1.8 m,直径 190 mm,质量约为 115 kg,末制导采用激光目标指示,其战斗部为爆破式,能够全天候攻击地面移动目标。

3) 末敏弹/制导子弹药

由于末敏弹和制导子弹药体积小、质量轻,且都有末端自寻的功能,能够实现"发射后不管",非常适合无人机携带与投放。美国智能反装甲子弹药(BAT)是一种制导子弹药(图 3-11),全长 914 mm,直径 140 mm,质量 20 kg,携带串联空心装药战斗部,可以成批对付移动装甲目标,目前已经装载在美国"猎人"无人机上(图 3-12)。美国达信公司提出为无人机配备 U-ADD 通用布撒器的方案中用到了末敏弹。该布撒器能够投放 CBU-105 传感器引爆武器,内装 4 枚斯基特子弹药(一种末敏弹),可用来攻击坦克、装甲车、卡车、停放的飞机、移动雷达,甚至能打击水面目标如小型水面舰艇集群等目标。

图 3-11　BAT 子弹药　　　　图 3-12　美国"猎人"无人机上的 BAT 子弹药

4) 无人飞行器

无人飞行器自身带有传感器和动力系统,可以在目标区域上空自主巡飞、搜索、探测、识别和攻击目标,是对付时间关键目标的有效手段,本身就是一种空中无人武器系统,但也可以用作无人飞行器的载荷。典型的无人飞行器有"低成本自主攻击系统"和 110 kg"小型侦察攻击巡航导弹(Surveilling Miniature Attack Cruise Missile,SMACM)"等。它们都携带多模战斗部,可以攻击软硬目标。一架 MQ-1"捕食者"能够携带 2 枚 SMACM,而一架 MQ-9"捕食者"则能够携带 8 枚 SMACM。

3. 通信/电子战载荷

1) 通信中继

由于空中通信节点比卫星更能快速、高效地满足战术通信要求,可以有效地增强战区卫星的能力,解决在容量和连通性方面的不足。因此,目前担任通信节点任务的无人系统主要是无人机。其主要优势如下。

(1) 能高效利用带宽。
(2) 可扩展现有地面视距通信系统的覆盖范围。
(3) 可将通信区域拓展至卫星服务的盲区。
(4) 与卫星相比,极大增强了接收的功率密度和接收能力,提高了抗干扰能力。

美国国防高级研究计划局发起的联合自适应 C^4ISR 结点(AJCN)研究计划,其目的是开发一种模块化、可升级的通信中继有效载荷。该载荷经改装可以装在 RQ-4/"全球鹰"无人机上,提供较大范围的防区支援(可覆盖直径约为 555 km 的区域),也可以装在 RQ-7"影子"无人机上(覆盖直径约为 111 km 的区域),能满足战术要求。

用无人系统作为通信中继节点,极大地提高了通信支援的效率。美国在"沙漠风暴"行动中,为部署通信中继节点,需要出动 40 架次的 C-5 和 24 艘舰船。而如果改为大量自动部署基于无人机的空中通信结点,可以使通信支援所需的空运架次减少 1/2~2/3。

2) 电子支援/电子情报载荷

电子支援(ES)和电子情报(ELINT)载荷是重要的信息来源。信号情报与图像情报一起可以形成更全面和更精确的态势感知图像,这对于建立和更新电子作战序列至关重要。由于电子监视载荷只需要接收和处理信号,对功率需求不大,适合无人系统携带。同有人驾驶平台的电子情报载荷相比,无人系统电子情报载荷由于成本低、体积小,因而其精度不可能很高。但只要能近距离抵达目标处,ES/ELINT 载荷即使只具有中等的精度,也能够获得清晰的态势感知,甚至能获得目标瞄准需要的精度。

AES-210 是采用接收、测向和信息处理的现代技术开发的电子监视/电子情报载荷系统,可以装在无人飞行器上,对海面和地面进行监视并进行电子情报搜集,对敌方雷达进行确认和定位,并具备载机自防护功能。该系统能自动探测、测量和确认地面、舰载和机载武器系统发出的雷达波,并计算出其发射位置。

3) 电子攻击载荷

电子攻击载荷主要是对敌方通信、电子设备实施干扰。出于安全考虑,有人驾驶的干扰飞机通常只能在敌防区以外实施远距离干扰,所以对干扰功率要求很高。而无人平台的电子攻击载荷由于是近距离、小区域干扰,所需功率要小得多,而且干扰效果更好,同时可以避免对己方电子设备的影响,适合实施电子攻击。分析表明要保护一个 10 km 处的目标,一部距雷达 10 km 的 100 W 干扰机可获得的干信比与试图干扰同一目标的、距雷达 100 km 的 10 kW 干扰机的干信比相当。

英国的"帝王"电子战系统可以实施电子攻击,有三种基本型号。下面主要介绍其中两种。①通信干扰器,能远距离监视超高频通信,并从敌后方干扰主机无线电。可以全向接收和传输,以截取和报告无线电信号,对选择的信号进行自动或者受控干扰,应答噪声干扰以切断指挥和控制。②雷达干扰器,可以用于战胜敌方雷达,保护无人机平台和友机并提供干扰训练。可以截取威胁雷达,选择最佳的干扰模式,发射有效信号破坏敌方火力控制,瓦解敌人发射行动,并将威胁细节和干扰情况发射给地面控制站。

第三节　地面无人作战系统的性能需求及技术难点与特点

一、地面无人作战系统的性能需求

地面环境特有的地貌崎岖、地面承载力的变化、树木建筑等地物遮挡等特点，使得发展地面无人作战系统时，除考虑无人作战系统的共性性能需求外，还需重点考虑一些地面特有的性能要求。地面无人作战系统的性能可以从以下几个方面来评价：机动性能、自主导航性能、人机交互性能、任务能力、防护性能。

1. 机动性能

地面无人作战系统要在地面环境完成各类作战任务，机动性能是影响其作战效能的一个重要因素。影响机动性能的主要因素包括：行走系统结构、动力配置、由平台结构决定的离地间隙等。以行走系统结构为例：轮式结构具有较高的行驶效率，但对地面承载能力要求较高，爬坡能力也较弱；履带式结构适合松软地面，但行驶效率较低；腿式结构适用于山地陡坡等崎岖地形，但控制较为复杂。因此，在地面无人作战系统设计时，根据拟执行作战任务的需求，提出恰当的机动性能指标要求，据此设计合规的行走结构和底盘结构，配备合适的动力系统是关键之一。

2. 自主导航性能

地面环境的特殊性对无人系统的自主导航性能形成了严峻挑战。第一，无线通信系统受到地球曲率、地形起伏、地面植被的影响，极易出现通信中断的问题，因此地面无人作战系统需要具备更强的自主导航性能。第二，由于建筑物、树木等对卫星定位系统的影响，使得地面无人作战系统的自主导航系统必须能够有效处理导航定位的不确定性影响。第三，地面环境的拥挤性和动态性是其他环境所无法比拟的，这对自主导航系统在导航控制精度和决策规划能力方面均提出了更高的要求。第四，不同于空中和水中，对于地面环境的建模与理解面临空前的挑战，自主导航系统需要对地表属性、剪切力、承载力、路网、沟壑、陡坡等各类环境和障碍要素进行有效识别，而这些环境要素对地面无人作战系统的影响又与平台的机动能力等密切相关。

3. 人机交互性能

第一，人机交互系统肩负着使操作员理解把握地面无人作战系统工作状态及周围环境的重要使命，因此显示系统的友好性和表达能力是对人机交互系统的基本要求。第二，操作人员对地面无人作战系统的操作指令须经由人机交互系统获得并下达给地面无人作战平台，因此操作装置的性能是衡量人机交互性能的另一个重要指标。第三，人机交互系统对通信带宽的需求也是衡量人机交互性能的一个重要指标，过高的通信带宽需求将限制地面无人作战系统的应用领域。

4. 任务能力

任务能力是指地面无人作战系统执行特定作战任务的能力。目前，地面无人作战系统主要用于执行爆炸物排除、核化污染区域任务、警戒巡逻、无人管控、随行支援等不同作战任务。不同作战任务需要不同的任务载荷，以用于排除爆炸物的微型地面无人作战系统为例，行进速度、机械手运动范围、抓持能力、连续工作时间等是衡量任务能力的重要指标。而对于中、大型武装巡逻用地面无人作战系统来说，侦察能力、打击能力、持续工作时间等是衡量其任务能力的重要指标。

5. 防护性能

与有人作战系统相同，在对抗条件下执行作战任务的地面无人作战系统的自身防护能力是影响其作战效能发挥的主要因素，直接决定了地面无人作战系统的战场生存能力。针对地面无人作战系统要执行的主要作战任务，设计合适的防护装备，是系统必须考虑的重要性能指标。

二、地面无人作战系统的技术难点

地面环境的特殊性与地面无人作战系统的特点决定了地面无人作战系统，特别是面向大规模协同作战应用的地面无人作战系统还面临很多技术困难，技术难点主要包括：地面环境的理解与建模技术、远距离大容量实时通信技术、多系统协同控制技术。

1. 地理环境的理解与建模技术

地面无人作战系统运动机构的特点决定了地面的起伏、承载力和附着力的变化，以及地面上的各种静态和动态障碍都会对其运动产生重要影响。地面无人作战系统的自主运动能力在很大程度上就是取决于对上述地形、地貌和地物的理解和建模能力。安装在地面平台上的环境传感器的视野客观上也对环境信息的获取带来了很多挑战。①依靠激光雷达、毫米波雷达和图像传感器，对地形和动、静态障碍的识别及建模目前已比较成熟，但对于地面附着力、承载力、材质等地表特性的识别目前还缺乏有效的技术手段。②沟、坑、水塘等凹陷障碍的识别，是地面无人作战系统面临的另一个主要困难。受制于传感器的安装位置，凹陷障碍往往在很近的距离才能得到确认，这对平台的控制提出了很大的挑战。③对于环境的描述及其对平台运动的影响分析是地面环境理解与建模面临的另一个困难。④针对高速公路这种结构性很强的道路环境，环境描述及运动影响分析已经能够胜任自主运动的需求，但对于一般道路和越野等复杂环境的相关研究尚待突破。

2. 远距离大容量实时通信技术

由于通信是地面无人作战系统中连接指挥控制站和地面无人平台的纽带，是人机交互的重要物质基础之一，因此实时通信对地面无人作战系统来说至关重要。然而受地形起伏、树木、建筑物遮挡、地面对电磁波的反射等因素的影响，地面无线通信距离受到很大影响。研究适用于远距离工作的地面无人作战系统的大容量实时通信技术，是地面无人作战系统的一个重要的技术难点。

3. 多系统协同控制技术

地面作战的复杂性、未来战场的体系作战特点都决定了多系统协同作战是未来地面无人作战系统的重要应用方式之一。多个平台之间环境信息共享、任务协同、指挥控制命令的下达和状态上传等问题都是多系统协同控制面临的技术难点,对宏观设计多系统协同的软件框架,研究协同环境感知、协同定位、协同控制、分布式通信等技术问题提出了迫切的要求。

三、地面无人作战系统的技术特点

未来地面无人作战系统将成为有人作战系统的扩展和补充,其系统作战任务能力的提高,势必需要系统总体架构、机动、识别、通信等多项关键技术的突破,才能满足未来无人作战中武器装备体系的需求。

1. 地面无人作战系统总体架构设计技术

地面无人作战系统的框架结构和运行交互的总体技术,包括各个分系统的功能描述以及各个分系统之间的接口。目前,国外开发的地面无人作战系统框架结构都能兼容无人系统联合架构。这种无人系统联合架构可以提高分系统之间的相互操作调用,它是一种标准化的无人系统信息架构,能够提高无人系统平台的标准化、模块化和系列化。如果武器装备之间的相互操作调用性能得到提高,对系统间的协同作战有很大帮助。

2. 战车智能环境感知与自主机动技术

传统战车强调"战车、人、环境"的三维感知与交互,而地面无人战车离开了人的直接操作,它是自主机动行驶,并且要求机动能力能够适应各种复杂战场环境。为了有效地完成任务,且确保自身的生存能力,因此,地面无人战车必须具备全方位的感知能力,构建战场机动地图,方能正确地完成避障自主探索、路径规划等决策。

3. 目标自动跟踪与识别技术

目标自动跟踪与识别武控系统是先进的陆战平台武控系统,也是世界各国互相竞争发展的数字电子武器系统。它能自动完成弹道计算、弹种选择、目标检测、跟踪与识别、精确瞄准等作战过程,最后击毁目标完成作战任务。

4. 网络通信技术

地面无人作战系统的核心之一就是网络通信链路。地面无人作战系统与指控中心之间传输的图像、语音、命令等信息,都需要更可靠的网络通信技术。未来战场环境含有各种电磁干扰,传输数据信息量大,亟需地面无人作战系统具有更大的带宽、抗干扰能力、通信自修复能力、系统间组网能力等。

5. 人机交互技术

未来的地面无人作战系统无论如何发展,终究脱离不了人类。一方面,地面无人作战系统为战场战士服务;另一方面,地面无人作战系统最终需要人类来决策。人机交互技术是为了给战士提供具有安全可靠、便于携带等特点的设备,以帮助战士具备执行军事任务能力的辅助技术。例如,指挥控制辅助决策系统、高级指挥接口、触摸屏显示器、标准易懂的图与形图标、通用型人机接口等。

思 考 题

1. 按行走方式可将地面无人作战系统分为哪几个主要类别？
2. 地面无人作战系统的任务载荷主要有哪几类？
3. 地面无人作战系统的性能需求有哪些？
4. 地面无人作战系统的技术特点是什么？

第四章 空中无人作战系统

飞机能在天空中飞行的最基本条件是,当飞机在空中飞行时,必须产生一种能克服飞机自身重力并将它托举在空中的力,这个力就是升力。升力主要靠机翼来产生,主要用于克服飞机自身所受的重力,升力的特性直接决定了飞机的性能。飞机在飞行过程中还会产生阻力,而阻力要靠发动机产生的推力来平衡,这样才能保证飞机在空中持续飞行。

第一节 固定翼的飞行原理

一、机翼升力的产生和增升装置

1. 机翼升力的产生

固定翼飞机和直升机都是靠空气动力飞行的,它们的原理其实很相似。机翼上产生的升力大小和机翼的剖面形状有很大关系,机翼的剖面形状也叫翼型,是指用沿平行于飞机对称平面的切平面切割机翼所得到的剖面,如图4-1的阴影部分所示。翼型最前端的一点叫前缘,最后端的一点叫后缘,前缘和后缘之间的连线叫翼弦。

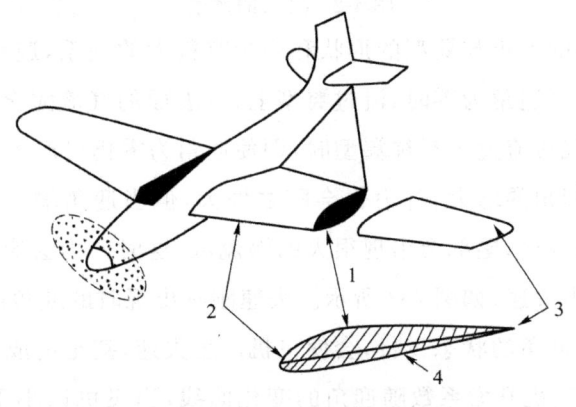

1—翼型;2—前缘;3—后缘;4—翼弦

图 4-1 机翼翼型

如果要想在翼型上产生空气动力,必须让它与空气有相对运动,或者说必须要有具有一定速度的气流流过翼型。现在将一个上翼面鼓凸、下翼面较平坦的翼型放在气流速度为 v 的气流中,如图 4-2 所示。假设翼型有一个不大的迎角 α(所谓迎角是翼弦与气流速度 v 之间的夹角),当气流流到翼型的前缘时,气流分成上、下两股分别流经翼型的上、下翼面。由于翼型的作用,当气流流过上翼面时流动通道变窄,气流速度增大,压强减小,并低于前方气流的大气压,而当气流流过下翼面时,由于翼型前端上仰,气流受到阻拦,且流动通道扩大,气流速度减小,压强增大,并高于前方气流的大气压。因此,在上、下翼面之间就形成了一个压强差,从而产生了一个垂直向上的升力 Y。

当气流流过翼型时,除会产生向上的升力外,还会产生一个向后阻力 D,阻力的方向与飞机飞行的方向相反,升力与阻力的合力即为总的空气动力 R,R 的方向是指向后上方的,如图 4-2 所示。

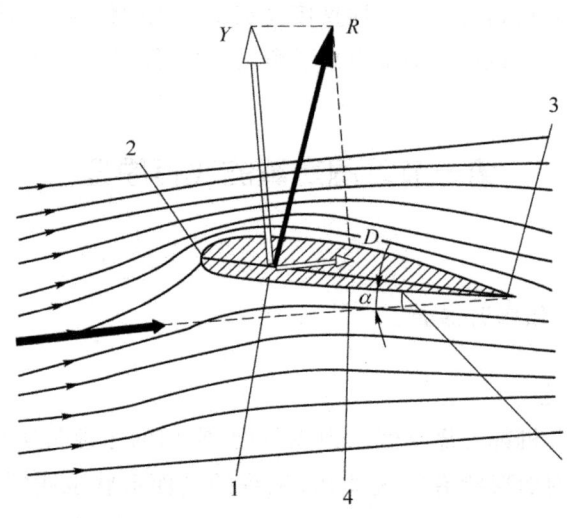

1—空气动力作用点;2—前缘;3—后缘;4—翼弦

图 4-2 升力的产生

机翼上产生升力的大小与翼型的形状和迎角有很大的关系,迎角不同产生的升力也不同。由于当对称翼型迎角为零时,流过翼型上、下表面的气流完全对称,因此翼型上产生的升力为零,而当气流流过不对称翼型时,即使迎角为零仍可产生一定的升力。

一般来说,随着迎角的增大,升力也会随之增大,但当迎角增大到一定程度时,气流就会从机翼前缘开始分离,尾部会出现很大的涡流区,这时升力会突然下降,而阻力却迅速增大,这种现象称为失速,如图 4-3 所示。失速刚刚出现时的迎角叫临界迎角。飞机不应以接近或大于临界迎角的状态飞行,会使飞机产生失速,甚至造成飞行事故。

如图 4-4 所示为飞机升力系数随迎角的变化曲线,当飞机以小于临界迎角的状态飞行时,升力系数随迎角的增加几乎呈现直线增长的趋势,但当迎角大于临界迎角之后,升

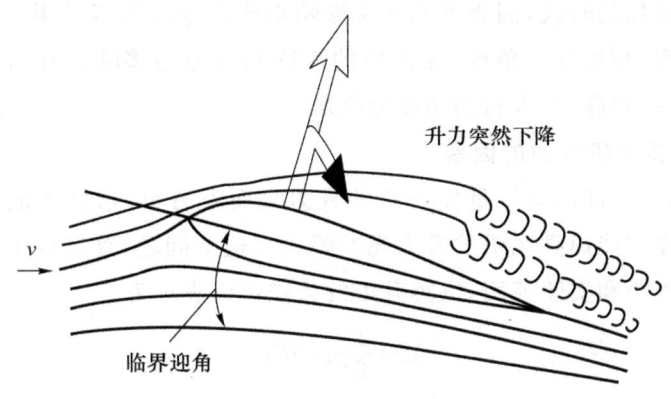

图 4-3 失速现象

力系数则快速下降,产生失速。在这种迎角下,飞机不再飞行,而是下坠。

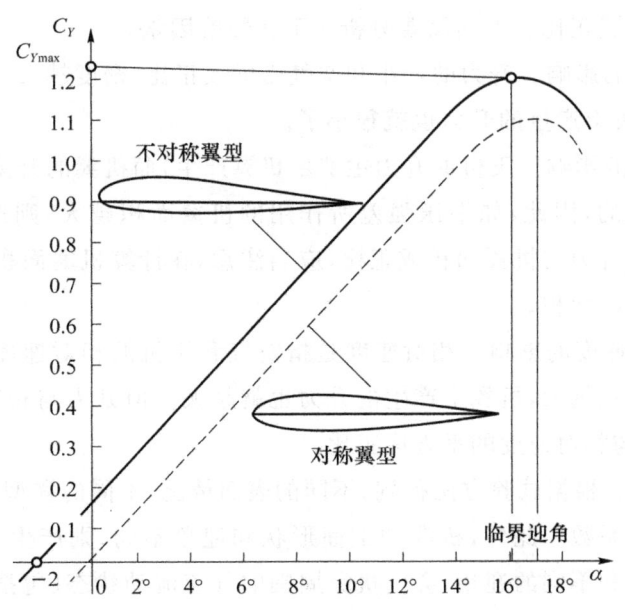

图 4-4 飞机升力系数随迎角的变化曲线

飞机在一定高度水平飞行时,迎角和速度有着密切的关系:当速度低时,需要让飞机上仰保持飞行高度,否则飞机将下坠;当速度高时,需要推飞机操作杆,否则飞机将上升;因此,飞机处于临界迎角时,必然导致飞行速度降到最低。

当无人机的飞行速度等于失速速度时,无人机会直线下坠,如无人机的飞行速度低于失速速度就更不能维持飞行状态了。因此,必须把飞行速度提高到高于失速速度,才能保证正常飞行,而且要保证这种速度直到降落。接触地面时,飞行速度从 v(高于失速速度)降到 0。

固定翼无人机对湍流非常敏感,而湍流往往出现在靠近地面的地方。着陆时是固定翼无人机最容易损坏的时候,因为低速度会影响操作指令的执行结果。无人机应该保证一个最大上升角度,超过这一角度,无人机的速度和升力会骤降;同时,应保证一个最大下降角度,超过这一角度,无人机的速度会猛增。

2. 影响固定翼飞机升力的因素

在设计固定翼飞机时,应尽量使飞机的升力大而阻力小,这样才能获得比较好的飞行性能。那么怎样才能提高飞机的升力呢?要解决这个问题,首先得了解影响升力的因素有哪些。通过理论和实验证明,机翼升力的公式可以表示为

$$Y = \frac{1}{2}\rho v^2 S C_Y \tag{4-1}$$

其中:Y 为升力,N;ρ 为空气密度,kg/m³;v 为气流相对速度,m/s;S 为机翼面积,m²;C_Y 为升力系数。

从式(4-1)中可以看到,升力的大小与空气的密度、机翼面积、升力系数成正比,与气流相对速度的平方成正比。下面简要分析一下各影响因素。

(1) 空气密度的影响。升力的大小和空气密度成正比,密度越大,则升力也越大。当空气很稀薄时,机翼上产生的升力也就很小了。

(2) 机翼面积的影响。飞机的升力主要由机翼产生,而机翼的升力又是由机翼上、下翼面的压强差产生的,因此,如果压强差所作用的机翼面积越大,则产生的升力也就越大。机翼所产生的升力与机翼面积成正比,应当注意,在计算机翼面积时,要包括与机翼相连接的机身部分的面积。

(3) 气流相对速度的影响。相对速度是指空气和飞机的相对速度。相对速度越大,产生的空气动力也就越大,机翼上产生的升力也就越大。但升力与相对速度并不是简单的正比关系,而是与相对速度的平方成正比。

(4) 升力系数。根据试验方法得到,不同的表面情况、不同的翼型在不同的迎角情况下有着不同的升力系数。此外,机翼的剖面形状和迎角不同,则产生的升力也不同。因为不同的剖面形状和不同的迎角,会使机翼周围的气流流动状态(包括流速和压强)等发生变化,因而导致升力的改变。早期的飞机,由于人们没有体会到翼型的作用,因而曾采用平板和弯板翼型,后来,随着理论研究和实践研究的不断深入,人们已经认识到翼型的重要性和它对升力所起的作用,因此,创造了很多适合于各种不同需要的翼型,并通过实验确定各种不同翼型的空气动力特性。

翼型和迎角对升力的影响,可以通过升力系数 C_Y 表现出来。升力系数 C_Y 的变化反映着在一定的翼型的情况下,升力随迎角的变化情况如图 4-4 所示,同时也说明不同的翼型有不同的升力特性。

3. 增升装置

设计飞机时,主要以飞机高速飞行或巡航飞行时的性能作为它的设计状态。在飞机高速飞行或巡航飞行时,即使迎角很小,由于速度较大,因此仍能保证有足够的升力来维

持飞机的水平飞行。但在低速飞行时,尤其是在起飞或着陆时,由于速度较低,即使有较大的迎角,升力仍然较小,导致飞机不能正常飞行。况且,迎角的增大是有限度的,超过临界迎角以后就会产生失速现象,给飞行带来危险。因此,需要采用增升装置,使飞机在尽可能小的速度下产生足够的升力,提高飞机的起飞和着陆性能。

飞机的增升装置常安装在机翼的前缘和后缘部位,安装在机翼前缘的增升装置叫作前缘襟翼,图4-5所示。前缘襟翼用在相对厚度小、前缘薄、难以布置增升装置的飞机机翼上。前缘襟翼提供的增量比前缘缝翼提供的要小。前缘襟翼构造简单,通过安装在机翼前大梁或前墙的下缘条上的铰链与机翼结构相连,如图4-5所示。当前缘襟翼相对于其轴转动时,其上缘沿固定在机翼上的专用型材滑动,防止形成缝隙。

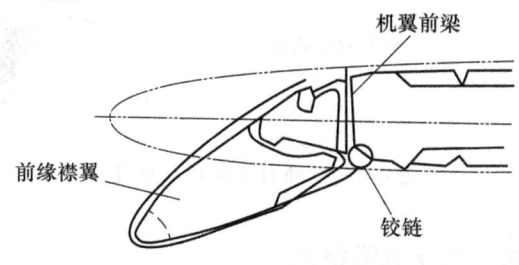

图 4-5　前缘襟翼

安装在机翼后缘的增升装置叫作后缘襟翼,后缘襟翼是应用最为广泛的增升装置。如图4-6所示是三种典型的后缘襟翼。

如图4-6(a)所示是一种最简单的襟翼,它是靠增大翼型弯度来增大升力的。当襟翼放下时,翼剖面变得更弯,因此增大了上翼面的气流速度,提高了升力,但同时阻力也随之增大,而且阻力比升力增大的还要多,故而增升效果不佳。

如图4-6(b)所示为富勒式襟翼,是一种后退开缝式襟翼,当襟翼打开时,其襟翼向后退的同时,它的前缘又和机翼后缘之间形成一条缝隙襟翼,具有三重增升效果:一是增加了机翼弯度;二是增大了机翼面积;三是由于开缝的作用,下翼面的高压气流以高速流向上翼面,使上翼面附面层中的气流速度增大,延缓了气流分离,起到了增升作用。后退开缝式襟翼的增升效果很好,在现代高速飞机和重型运输机上得到了广泛的应用。

如图4-6(c)所示的双缝式襟翼,是现代民用客机上广泛采用的增升装置。襟翼打开时,两个子翼一边向后偏转,一边向后延伸,同时两个子翼还形成两道缝隙,它同样具有后退开缝式襟翼的三重增升效果。除此之外,如图4-6(c)所示的机翼还采用了前缘缝翼增升装置,打开前缘襟翼后,下翼面的高压气流吹动主翼面上的附面层,防止气流产生分离。因此,实际上此双缝式襟翼共有四重增升效果,增升效果甚佳。

虽然增升装置的类型很多,但其增升原理不外乎以下几种方式:①改变机翼剖面形状,增大机翼弯度;②增大机翼面积;③改变气流的流动状态,控制机翼上的附面层,延缓气流分离。

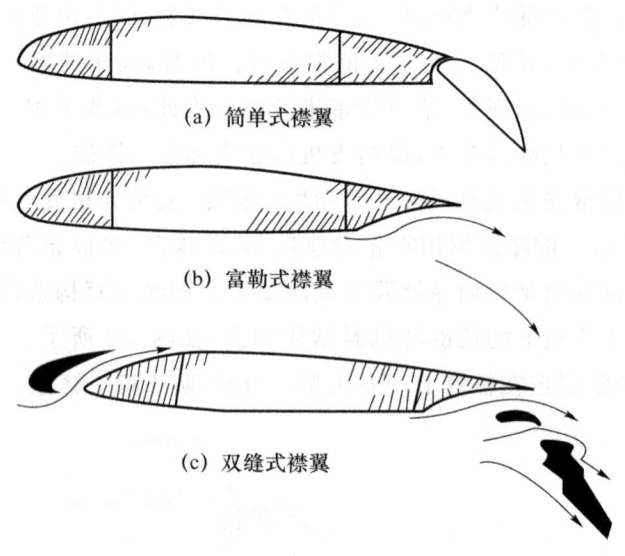

图 4-6 三种典型的后缘襟翼

二、固定翼飞机阻力的产生及减阻措施

固定翼飞机飞行时,不但机翼上会产生阻力,飞机的其他部件(如机身、尾翼、起落架等)都会产生阻力,机翼阻力只是飞机总阻力的一部分。

阻力的计算公式可以简化为阻力 X:

$$X = \frac{1}{2}\rho v^2 S C_X$$

其中:X 为阻力,N;ρ 为空气密度,kg/m³;v 为气流相对速度,m/s;S 为机翼面积,m²;C_X 为阻力系数(根据试验方法得到,不同的表面情况、不同的模型形状在不同的迎角情况下有着不同的阻力系数)。

低速飞机上的阻力按其产生的原因不同可分为摩擦阻力、压差阻力、诱导阻力和干扰阻力,飞机到达跨声速之后,还会产生激波阻力。

1. 摩擦阻力

摩擦阻力是由于空气存在黏性(即非理想流体),空气与机身表面的黏滞作用直接产生的。空气的黏性和密度越大,摩擦阻力越大。当飞行器表面的气流状态是紊流时,也会增加一定的摩擦阻力。飞行器的表面积及表面粗糙度越大,摩擦阻力越大。

1) 摩擦阻力的产生

摩擦阻力是由于空气有黏性而产生的阻力,存在于附面层内。由于空气有黏性,当气流流过机体表面时,机体表面给气流阻滞力并生成附面层。根据牛顿第三定律:作用力和反作用力总是大小相等、方向相反,同时作用在两个物体上。机体表面给气体微团向前的阻滞力,使其速度下降,气体微团必定给机体以大小相等、方向相反的向后的作用力,这个力就是摩擦阻力。

在紊流附面层的底层,机体表面对气流的阻滞作用要比层流附面层大得多,所以紊流附面层就要产生比层流附面层大得多的摩擦阻力。

摩擦阻力的大小除与附面层内气流的流动状态有关外,还与机体与气流接触的面积(机体的外露面积)大小以及机体表面状态有关。机体与气流接触的面积越大,机体表面越粗糙,摩擦阻力就越大。

2) 减小摩擦阻力的措施

① 机翼采用层流翼型。因为紊流附面层的摩擦阻力远远大于层流附面层,所以要减小摩擦阻力就应设法使附面层保持层流状态。层流翼型是使附面层保持层流状态的一种有效翼型。图 4-7 为古典翼型及压力分布与层流翼型及压力分布的比较。层流翼型的特点是前缘半径小,最大厚度靠后(图 4-7(b))。当气流流过这种翼型时,压力分布比较平坦,最低压力点位置后移(图 4-7(b)),顺压流动区域的扩大有利于在大范围内保持层流附面层,减小附面层增厚的趋势,延缓转捩,在一定的迎角范围内减小摩擦阻力。

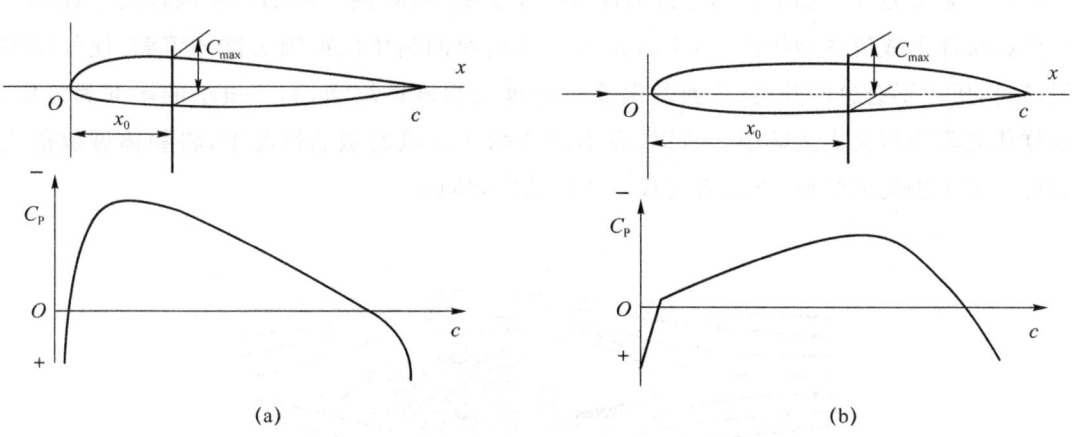

图 4-7 古典翼型及压力分布与层流翼型及压力分布的比较

② 在机翼表面安装一些气动装置,不断向附面层输入能量;在结构上也可以采取对附面层进行吸或吹的措施,加大附面层内气流的流动速度,减小附面层的厚度,使附面层保持层流状态。

③ 保持机体表面的光滑清洁。附面层的流动状态与机体表面光洁程度有很大的关系。机翼表面对气流的任何一个扰动都会使附面层内的流动状态发生改变,转捩点大大提前。所以,在维护修理飞机的过程中,一定要保持机体表面的光滑整洁,特别是在主要的气动力面,如机翼、尾翼的前缘和上表面等,要保证机体表面没有污物,没有划伤、凹陷或突起,要注意埋头铆钉的铆接质量和蒙皮搭接缝的光滑密封等。

④ 要尽量减小机体与气流的接触面积。对飞机进行修理改装时,应注意不要过多增加机体的外露面积,否则会增大阻力,使飞机达不到飞行性能的要求。

2. 压差阻力

压差阻力是由于飞行器飞行时，各组成部件气流前后产生的压力差造成的阻力。压差阻力的大小与部件的迎流面积和形状有关，相对气流的迎面面积越大，压差阻力越大。同时，在相同的流速和迎面面积的情况下，不同的外形形状对压差阻力的影响也不同。

1) 压差阻力的产生

当气流流过飞机时，在机体前后压力差形成的阻力就叫作压差阻力。当气流流过机翼表面时，在机翼前缘的驻点（图4-8中点 A）处速度降为零，形成最大的正压力点；在最低压力点（图4-8中点 B）之后的逆压作用下附面层分离，又在机翼的后缘生成低压的涡流区。这样机翼前缘区域的压力大于机翼后翼区域的压力，前后压力差就形成了压差阻力。迎着气流放置一个圆盘。在圆盘前面气流被阻滞，压力升高；而在圆盘的后面气流分离形成低压的涡流区，圆盘前后压力差会产生很大的压差阻力。圆盘的面积越大，产生的压差阻力越大。如果在圆盘的前面加一个圆头锥体（图 4-8(a)），在圆盘的后面加一个尖削锥体形成流线型物体（图 4-8(b)），圆盘前面的高压区被圆头锥体填满，使气流平滑流过，压力不会急剧升高；后面的涡流区也被尖削锥体填满，剩下很小的尾部涡流区，这样压差阻力将会大大减小。所以，在不改变物体迎风面积的情况下，将物体做成前头圆钝后面尖细的流线型，可以大大减小物体的压差阻力。

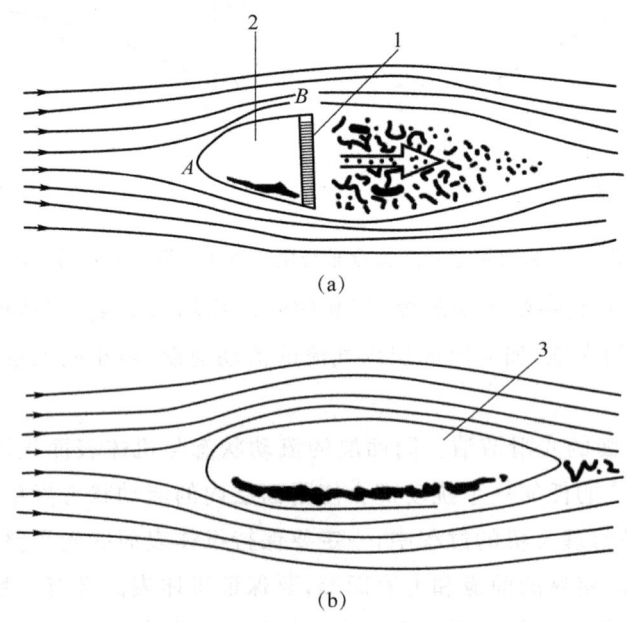

1—圆形平板剖面；2—前部圆锥面；3—后部圆锥面

图 4-8 物体形状对压差阻力的影响

压差阻力不仅与物体的迎风面积、物体的形状有关,还与物体相对气流的位置(迎角的大小)有关。当流线型物体的轴线与气流平行时,可以使压差阻力减小。

2) 减小压差阻力的措施

① 尽量减小飞机机体的迎风面积。比如,在保证装载所需要容积的情况下,为了减小机身的迎风面积,机身横截面的形状应采取圆形或近似圆形。

② 暴露在空气中的机体各部件外形应采用流线型。

③ 飞行时,除了起气动作用的部件外,其他机体部件的轴线应尽量与气流方向平行。民用运输机机翼采用一定的安装角就是为了使飞机巡航飞行时,机翼产生所需要升力的同时,机轴线保持与来流平行,减小压差阻力。

3. 诱导阻力

诱导阻力是由于机翼上、下存在一定压力差所造成的一种阻力。在翼尖处,机翼下表面的静压大,上表面的静压小,气流在这个压力差的影响下,改变原来的流动状态,由高压区(机翼下表面)绕过翼尖流向低压区(机翼上表面)并形成一个翼尖涡流(图4-9),造成气流向下流动形成一个下洗角,升力方向向后偏转,它的向后分量就是诱导阻力。机翼翼尖的升力越大,诱导阻力也越大,因此可以用减少翼尖升力的方法来减小诱导阻力,所以在很多机型中机翼的翼根翼型和翼尖的翼型是不一样的。

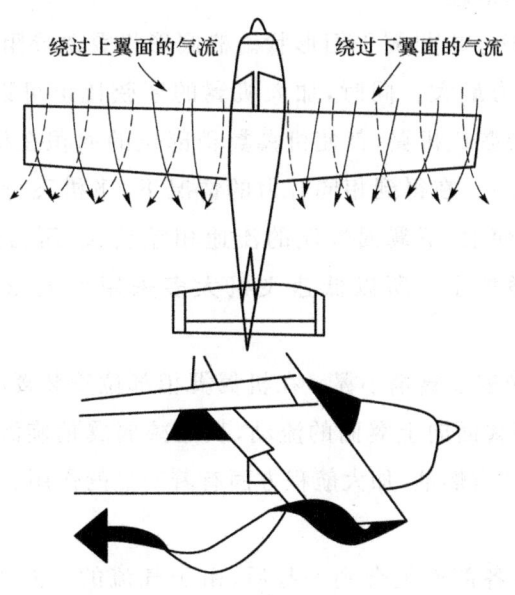

图 4-9 飞机的翼尖涡后翼尖涡流

1) 诱导阻力的产生

当气流以速度 v' 流过机翼时,产生的升力 L' 应垂直于速度 v'。由于下洗,速度 v' 相对来流方向向下倾斜了一个角度,升力 L' 也会相对来流方向向后倾斜一个角度,这样升力 L' 除在垂直来流方向上有一个起到升力作用的分量 L 外,还会沿来流方向产生一个分量 D,这个向后作用阻碍飞机飞行的力叫作诱导阻力(图 4-10)。如果上、下翼面没有压力差,就不会产生升力,也就没有诱导阻力产生。上、下翼面压力差越大,升力越大,诱导阻力也就越大。

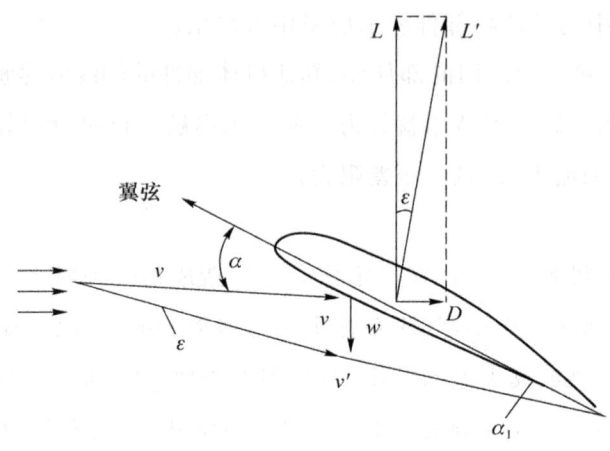

图 4-10 诱导阻力的产生原理

2) 减小诱导阻力的措施

① 采用诱导阻力较小的机翼平面形状。椭圆形机翼诱导阻力最小,其次是梯形机翼,矩形机翼的诱导阻力最大。同时,加大机翼的展弦比也可以减小诱导阻力。无论是椭圆形机翼还是大展弦比机翼,都使机翼翼稍部位的面积在机翼总面积中所占比例下降,从而减小诱导阻力。在得到相同升力的情况下,飞机飞行速度越小,所需要的迎角越大,迎角的增加会使上、下翼面气流的流速相差较大,压力差加大,翼稍旋涡随之加强,诱导阻力也就增加了。所以低速飞机大多采用大展弦比的机翼来减小诱导阻力。

② 在机翼翼稍部位安装翼稍小翼。在机翼翼稍部位安装翼稍小翼或副油箱等外挂物都可以阻止气流由下翼面向上翼面的流动,从而减弱翼稍旋涡,减小诱导阻力。翼稍小翼在减小诱导阻力,节省燃油,加大航程方面有着明显的作用。

4. 干扰阻力

干扰阻力是指飞机各部件组合到一起后,由于气流的相互干扰而产生的一种额外阻力。

1) 干扰阻力的产生

干扰阻力是由于飞行器各部件连接处,各部件表面气流的相互干扰造成的阻力(图 4-11)。实验表明,整体飞机的阻力并不等于各个部件单独产生的阻力之和,而是多出一个量,这个量就是由于气流流过各部件时,在它们的结合处相互干扰产生的干扰阻力。干扰阻力与各部件组合时的相对位置有关,也和部件结合部位形成的流管形状有关。

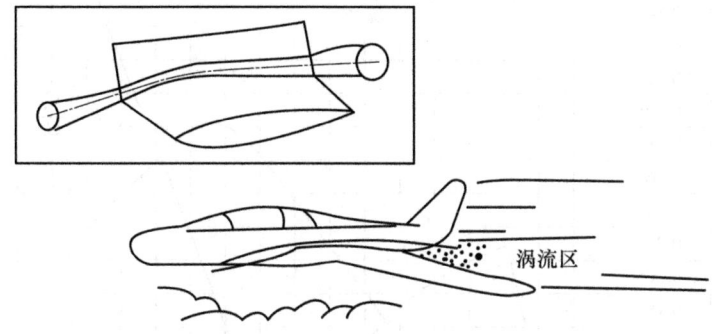

图 4-11　机翼和机身结合部气流的相互干扰

2) 减小干扰阻力的措施

① 适当安排各部件之间的相对位置。对于机翼和机身之间的干扰来说,中单翼干扰阻力最小,下单翼最大,上单翼居中。

② 在部件结合部位安装整流罩,使结合部位较为光滑,减小流管的收缩和扩张。

三、固定翼飞机的升阻比

升阻比是升力和阻力之比,也就是升力系数和阻力系数之比。图 4-12 是升阻比随迎角变化曲线,从图 4-12 中可以看到升阻比随着迎角的变化情况。当升力系数等于零时,升阻比也等于零。升阻比随着迎角的增加而增大,由负值增大到零再增大到最大值,然后,随着迎角的增加而逐渐减小。由于升力系数和阻力系数随迎角的变化而变化,升阻比的最大值 K_{max} 并不是在升力系数等于最大值时达到,而是在迎角等于 4°左右时达到。在升阻比达到最大值的状态下,飞行是最有利的,因为这时产生相同的升力,阻力最小,飞行效率最高,所以升阻比也叫作气动效率。

在确定了最大升阻比对应的迎角后,就可查出该迎角下对应的升力系数,然后就可以根据升力公式计算出一定质量的飞机在水平飞行时对应于最大升阻比的飞行速度。在设计固定翼飞机时,一般都会使对应于最大升阻比的速度等于巡航速度,以提高飞机的经济性能。

为了提高飞机的升阻比,对于低速或亚声速巡航的飞机,通常可以采用大展弦比、小后掠角、设置合适的机身/机翼相对安装角等方法来提高。对于超声速巡航的飞机,则主要要考虑尽量减小激波阻力。

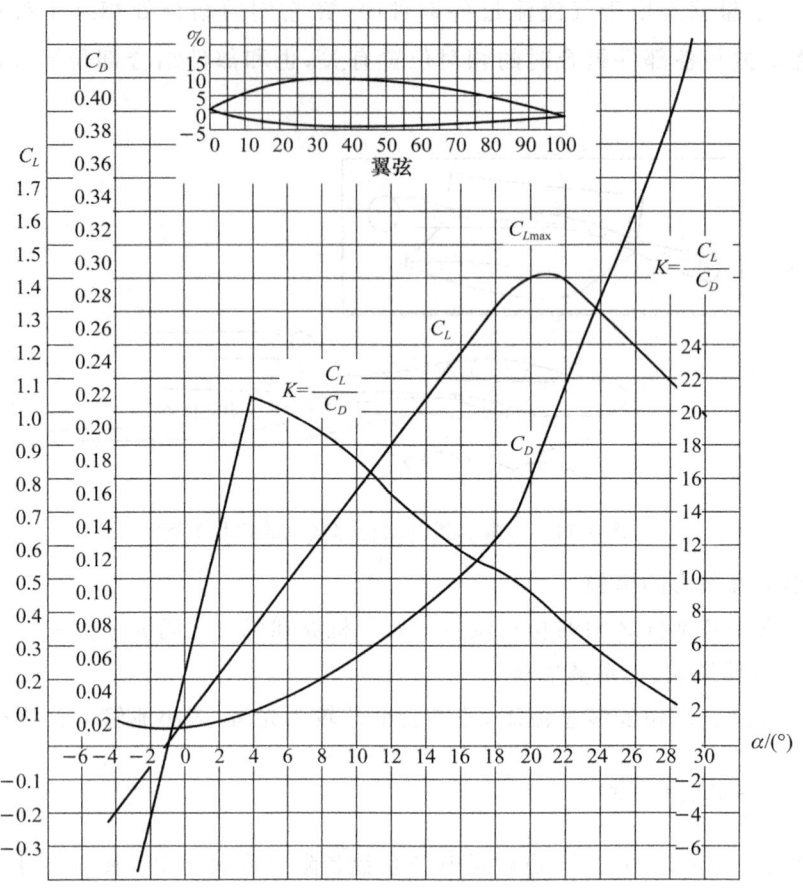

图 4-12 升阻比随迎角变化曲线

第二节 旋翼结构与飞行原理

一、直升机旋翼头的结构类型

目前,应用于无人机直升机及中小型航模的普通布局形式的直升机中,其旋翼头结构类型众多,样式各异,如贝尔操作形式、希拉操作形式、无副翼操作形式、新型无轴承旋翼头等类型。其中,最常见、应用最多的旋翼头有两种:贝尔-希拉式旋翼头和近两年逐步流行的无副翼旋翼头。下面针对这两种旋翼头作简单介绍。

1. 贝尔-希拉式旋翼头

贝尔-希拉式操作形式是目前航模及微小型无人机最常见的旋翼头操作形式之一,它分为上副翼和下副翼两种类型,如图 4-13 和 4-14 所示。

图 4-13　上副翼形式的旋翼头　　　　图 4-14　下副翼形式的旋翼头

直升机的副翼即贝尔-希拉小翼,又称伺服小翼。在直升机旋翼系统中具有非常重要的意义。

(1) 起到非常重要的陀螺稳定效应。当主旋翼受到微小扰动时,贝尔希拉小翼具有明显的抗扰动能力,使飞机保持一定的稳定状态。

(2) 为主旋盘提供操作力。当操作人员操作旋盘进行打舵时,伺服小翼会首先改变原来的运动状态,从而带动主旋盘的倾转,这样就有效地避免了主旋盘强大的交变载荷直接作用到伺服器上。

对于上、下副翼的不同形式,上副翼形式的旋翼头由于伺服小翼处于主旋盘的上方,不受主旋盘下洗流的影响,因此具有非常优越的静态稳定性,直升机悬停时表现尤为明显;因此,大部分大型无人直升机或用于 F3C 比赛的中小型航模多采用这种布局。下副翼形式的旋翼头布局多出现于要求飞行操作灵敏、动态稳定性(航行稳定性)较好的运动型直升机上,如做 3D 飞行表演的航模(图 4-15)。由于伺服小翼在主旋盘下方,旋翼头的三角补偿系数较高,因而操作较为灵敏。

图 4-15　倒飞的 3D 直升机

2. 无副翼旋翼头

贝尔-希拉式操作结构虽然解决了遥控直升机操控稳定性的问题,但是其复杂的机械结构却隐藏着极大的机械故障风险,遥控直升机机械故障中,带副翼系统的旋翼头占了绝大部分。一方面其复杂的结构,多采用塑料尼龙材料的球头连杆,极容易出现疲劳磨损现象;另一方面复杂的机构难于维护检查,更加深了其出现问题的风险。

随着科学技术的发展,各国逐渐出现了仿载人机结构类型的无副翼结构旋翼头(图 4-16、图 4-17)。无副翼旋翼头由于没有伺服小翼的增稳作用,在遥控控制状态较难实现精准的操控。高灵敏度微小型三轴陀螺仪的出现解决了无副翼系统静态不稳定结构的控制问题。

一方面,无副翼系统采用自动控制增稳功能的陀螺仪系统,在直升机受到微小扰动时能自动修正飞行姿态;另一方面,由于取缔了伺服小翼,不但使得主旋盘效率大大提升,而且规避了主要的机械可靠性问题。同时,由于技术的革新,能够承受更大载荷、寿命更长的高性能伺服器的出现解决了无副翼系统中伺服器需承受的巨大交变载荷的问题。

图 4-16　DFC 无副翼结构

图 4-17　普通无副翼结构

二、十字盘的结构类型

直升机自动倾斜盘简称倾斜盘,俗称十字盘,如图 4-18 所示。十字盘是用于传递操作指令实现总距操纵和周期变距操纵的机械机构。自动倾斜器发明于 1911 年,由于其出现使直升机的复杂操纵得以实现,现已在所有直升机上应用。其构造形式虽有多种,但工作原理基本相同。一般由与操纵线系相连的不旋转件和与桨叶变距拉杆相连的旋转件组成。不旋转件通过轴承与旋转件相连。由操纵系统输入的操纵量,经过不旋转件转换成旋转件的上下移动和倾斜运动,再由旋转件通过与桨叶变距摇臂相连的桨叶变距拉杆去改变桨叶桨距,使旋翼拉力的大小和方向改变,从而实现直升机的飞行操纵。倾斜盘旋转件的转动由与旋翼桨毂相连的扭力臂带动。倾斜盘在结构上要保证纵向、横向和总距操纵的独立性。

图 4-18 十字盘

1. 总距操纵（Collective Fitch）

总距即直升机旋翼的相对水平面的攻角（迎角）。当需要控制直升机上升或者下降时，操作总距杆上移，此时十字盘总体上移，通过十字盘转动部分连杆的传递作用使桨叶的攻角加大，从而控制飞行器的上升（直升机的旋翼通常是以相对固定的转速工作的，它通过改变旋翼的攻角来改变飞行状态），反之则下降。

2. 周期距操纵（Cyclic Pitch，横滚和俯仰）

周期距又称为循环螺距，是指在直升机旋翼作滚转或俯仰操作时，旋翼每旋转一周，旋翼总距的最大变化量。当操纵控制飞机前、后、左、右运动的操作杆时，通过一定的机械结构传动，最终使十字盘相应地前、后、左、右倾斜，达到控制直升机旋盘相应地前、后、左、右倾斜，从而实现控制飞行器的前后左右运动。典型的十字盘结构类型如图 4-19 所示。

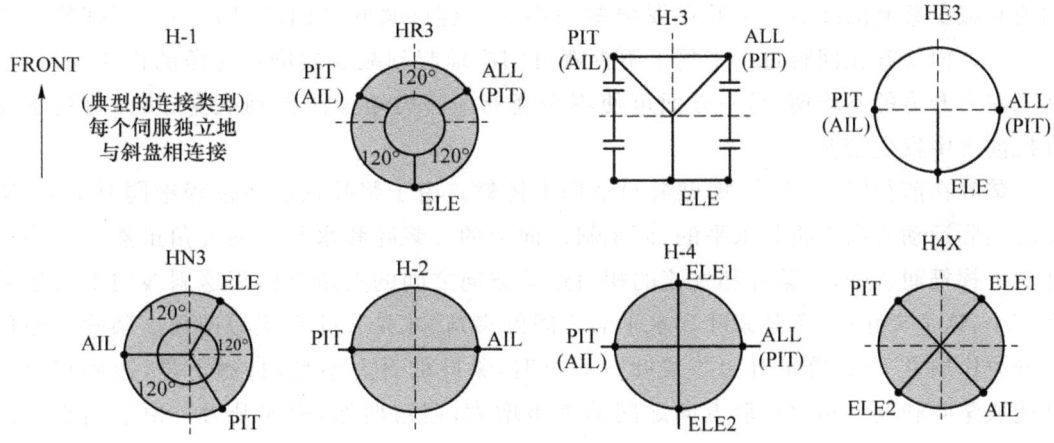

图 4-19 典型的十字盘结构类型

三、直升机的三大铰链

意大利人 Juan de la Cierva 在 1923 年设计旋翼机时,无意中解决了直升机的一个重大问题,他发明的挥舞铰解决了困扰直升机旋翼设计的一个重大问题。Corradino D'Ascanio 的直升机是公认的第一架现代意义上的直升机,在 18 m 高度上前飞了 800 多米的距离。

旋翼是圆周运动,由于半径的影响,当翼尖处线速度已经接近声速时,圆心处线速度为零。因此,旋翼靠近圆周的地方产生最大的升力,而靠近圆心的地方产生的升力微不足道。当向前滑行时,桨叶和空气的相对速度高于旋转本身所带来的线速度;反之,桨叶和空气的相对速度就低于旋转本身所带来的线速度。这样,如果不做任何补偿,升力差可以达到 5:1。这种周期性的升力不仅使机身一侧倾斜,而且每片桨叶在圆周中不同方位产生不同的升力和阻力,周期性地对桨叶产生强烈的扭曲,这既大大加速了材料的疲劳,又会引起很大的震动。所以,旋翼的气动设计比高性能固定翼飞机的机翼设计更为复杂。

Juan de la Cierva 是在实践中发现这个问题的。他的模型旋翼机试飞很成功,但是全尺寸的旋翼机一上天就横滚翻,开始以为是遇到突然的横风,第二架飞机上天同样的情况。Juan de la Cierva 经过研究,发现模型旋翼机的桨叶是用藤条材料做的,有弹性,而全尺寸旋翼机的桨叶是刚性的钢结构,由此认识到桨叶的挥舞铰的必要性。具体来说,为了补偿左右升力的不均匀和减少桨叶的疲劳,桨叶在翼根要采用一个容许桨叶回转过程中上下挥舞的铰链,这个铰链称为挥舞铰(Flapping Hinge,也称垂直铰)。

简单地说,挥舞铰是指直升机旋翼系统围绕主轴和横轴连接点为中心,在一定角度范围内可自适应地上下挥舞的铰链机构。其作用是在直升机前飞时,补偿左右升力的不均匀和减少桨叶的疲劳。桨叶在翼根要采用一个容许桨叶在回转过程中上下挥舞的铰链。一方面桨叶在回转过程中的上下挥舞可相应地起到减少或增加迎角的作用,有效平衡了左右升力的不均衡;另一方面可使不平衡的滚转力矩无法传到机身,从而避免了直升机前飞中发生滚转。

桨叶在前行时,升力增加,桨叶自然向上挥舞。由于桨叶在旋转过程中同时上升,桨叶的实际运动方向不再是水平的,而是斜线向上的。桨叶和水平面的夹角虽然不因为桨叶向上挥舞而改变,但桨叶和气流的相对运动方向之间的夹角会由于这斜线向上的运动而变小,这个夹角(而不是桨叶和水平面之间的夹角)才是桨叶真正的迎角。桨叶的迎角在升力作用下下降,降低升力。桨叶在后行时,桨叶的升力不足,自然下垂,边旋转边下降造成桨叶和气流相对运动方向之间的夹角增大,迎角增加,增加升力。由于离心力使桨叶有自然拉直的趋势,桨叶不会在升力作用下无限升高或降低,机械设计上也采取措施,保证桨叶的挥舞不至于和机体发生碰撞。桨叶在环形过程中,不断升高、降低,翼尖离圆心的距离不断改变,引起科里奥利效应,就像花样滑冰运动员经常把双臂张开、收拢,以控制旋转速度。要是一个手臂张开,一个手臂收拢,就不可能在原地旋转,就要东倒西歪了。所以桨叶在水平方向也要前后摇摆,以补偿桨叶上下挥舞所造成的科里奥利效应。摆振铰利用前行时阻力增加,使桨叶自然增加后掠角(即所谓"滞后",因为桨叶在旋转方向上的角速度低于圆心的旋转速度),这也变相增加桨叶在气流方向上剖面的长度,加强了减小迎角的作用;在后行时,阻力减小,阻尼器(相当于弹簧)使桨叶恢复到正常位置(即所谓"领先",因为桨叶在旋转方向上的角速度高于圆心的旋转速度),当然也加强了增加迎角的作用,所以摆振铰(Drag Hinge,也称水平铰)也称领先——滞后铰(Lead-lag Hinge)。直升机三大铰链如图4-20所示。

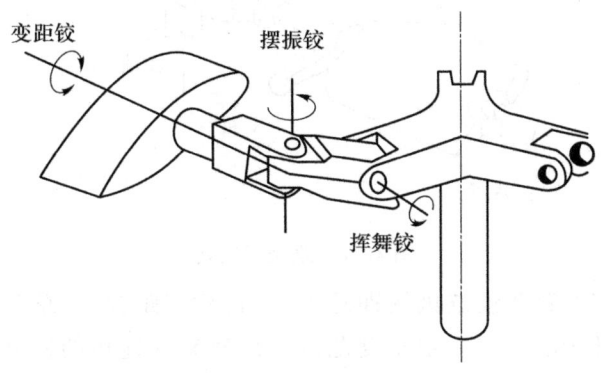

图 4-20　直升机三大铰链

简单地说,摆振铰是指直升机旋翼系统围绕主轴和横轴连接点为中心,在一定角度范围内可自适应地前后摆振的铰链机构。其作用是为了补偿桨叶挥舞铰上下挥舞造成的科里奥利效应;摆振铰利用前行时阻力增加,使桨叶自然增加后掠角,这也变相增加桨叶在气流方向上剖面的长度,加强了减小迎角的作用;在后行时,阻力减小,阻尼器使桨叶恢复到正常位置,加强了增加迎角的作用;从而进一步平衡左右升力的不均衡。

挥舞铰和摆振铰是旋翼升力均衡、飞行平稳的关键。由于桨叶在旋转中容许上下挥动和前后摆动,这种桨叶称为柔性桨叶(Articulated Rotor)。除用机械铰链容许桨叶在环形过程中相对于其他桨叶有一定的挥舞外,材质也必须具有弹性,这就是为什么直升机停在地面时,桨叶总是"耷拉"着的原因。由于机械铰链磨损大,可靠性不好,德国MBB(战时著名的梅塞斯米特就是MBB中的M)用弹性元件取代了挥舞铰,研制成功无铰桨叶,第一个应用无铰桨叶的是MBB Bo-105,中国曾进口一批,用于支援海上采油平台。前行桨叶可以在升力作用下向上挥舞,从而降低升力,达到平衡;后行桨叶则向下弯曲,从而提高升力,达到平衡。

双叶旋翼是一个采用刚性铰链的特例,桨叶和圆心的桨毂刚性连接,用一个单一的"跷跷板"铰链同时代替挥舞铰和摆振铰,所以也称为半刚性桨叶(Semi-rigid Rotor)。跷跷板铰链在一侧桨叶上扬时,将另一侧桨叶自然下压;在一侧桨叶"领先"时,将另一侧桨叶自然"滞后",既简化了机械设计,又完美地实现了更复杂的机械设计才能实现的功能。贝尔直升机公司把直升机的双叶结构使用出了特色,越战期间漫天蝗虫似的UH-I直升机就是采用双叶结构,后来的AH-I直升机也是如此。不过"跷跷板"设计只能用于双叶旋翼。双叶旋翼有无可置疑的简洁性和由此而来的成本和可靠性上的优势,但双叶旋翼也只有两片桨叶可以产生升力,与多叶桨叶相比,跷跷板式挥舞结构旋翼要达到相同的升力效果则需要增加旋翼直径和旋翼转速,这样一来,前者增加了总体尺寸和阻力,后者则增加了噪声。跷跷板结构如图4-21所示。

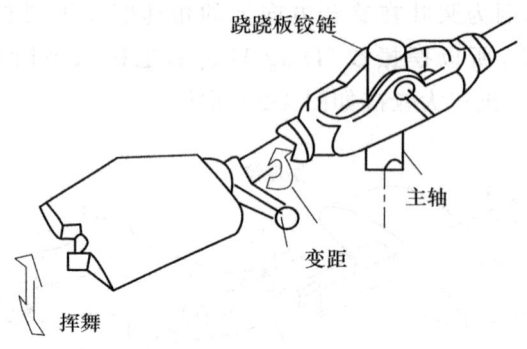

图4-21 跷跷板结构

直升机还有第三个重要铰链机构即总距铰(也称变距铰)。总距铰是指直升机旋翼系统围绕横轴为旋转中心可在一定角度范围内调整桨叶迎角的铰链机构。其作用是控制桨叶的螺距(迎角),从而控制直升机的上升和下降。

旋翼是直升机的关键部件。它由数片(至少两片)桨叶和桨毂构成,形状像细长机翼的桨叶连接在桨毂上。桨毂安装在旋翼轴上,旋翼轴方向接近铅垂方向,一般由发动机带动旋转。旋转时,桨叶与周围空气相作用,产生气动力。直升机旋翼绕旋翼转轴旋转时,每个叶片的工作都与一个机翼类似。沿旋翼旋转方向在半径 r 处切一刀,其剖面形状是一个翼型,如图4-22(a)所示。翼型弦线与垂直于桨毂转轴的桨毂旋转平之间的夹角称为桨叶的安装角(或桨距),如图4-22(b)所示。相对气流与翼弦之间的夹角为该坡面的迎角。因此,沿半径方向每段叶片上产生的空气动力 R 可分解为沿桨轴方向上的分量 F 和在旋转平面上的分量 D。F 将提供悬停时需要的拉力,D 产生的阻力力矩将由发动机所提供的功率来克服。

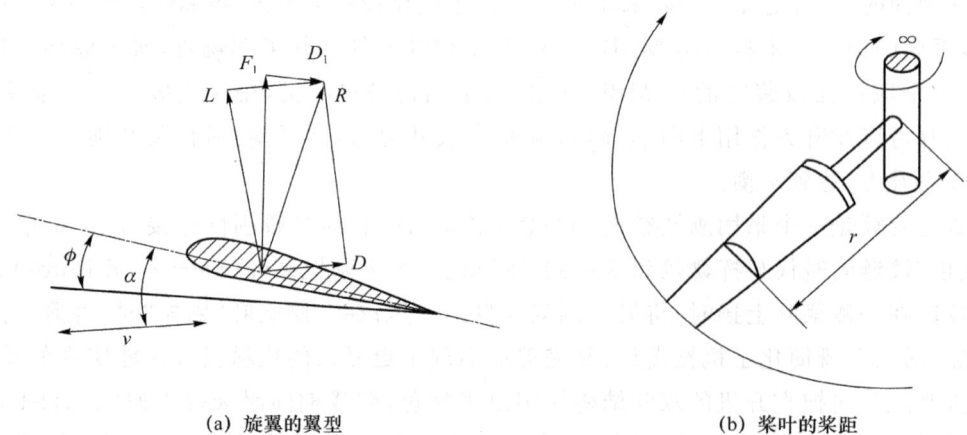

(a) 旋翼的翼型　　　　　　　　(b) 桨叶的桨距

图4-22 直升机翼的工作原理

旋翼旋转所产生的拉力和阻力的大小,不仅取决于旋翼的转速,而且取决于桨叶的桨距。调节旋翼的转速和桨距都可以达到调节拉力大小的目的,但是旋翼转速取决于发动机的主轴转速,而发动机转速有一个最佳的工作范围,因此,拉力的改变主要靠调节桨叶桨距来实现。但是,桨距变化将引起阻力力矩变化,所以,在调节桨距的同时还要调节发动机油门,保持转速尽量靠近最有利的工作转速。

四、直升机的布局特点

旋翼在空气中旋转,对周围空气产生一个作用力矩,根据牛顿第三定律,空气必定以大小相等、方向相反的力矩作用于旋翼,然后传到机体上。此时如果不采取平衡措施,这个反作用力矩会使机体向旋翼旋转的相反方向旋转。为了平衡这个反作用力矩,需要采用不同的直升机布局形式。直升机的布局如图 4-23 所示。直升机的布局形式按旋翼数量和布局方式的不同可分为单旋翼直升机、共轴式双旋翼直升机、纵列式双旋翼直升机、横列式双旋翼直升机和带翼式直升机等几种类型。

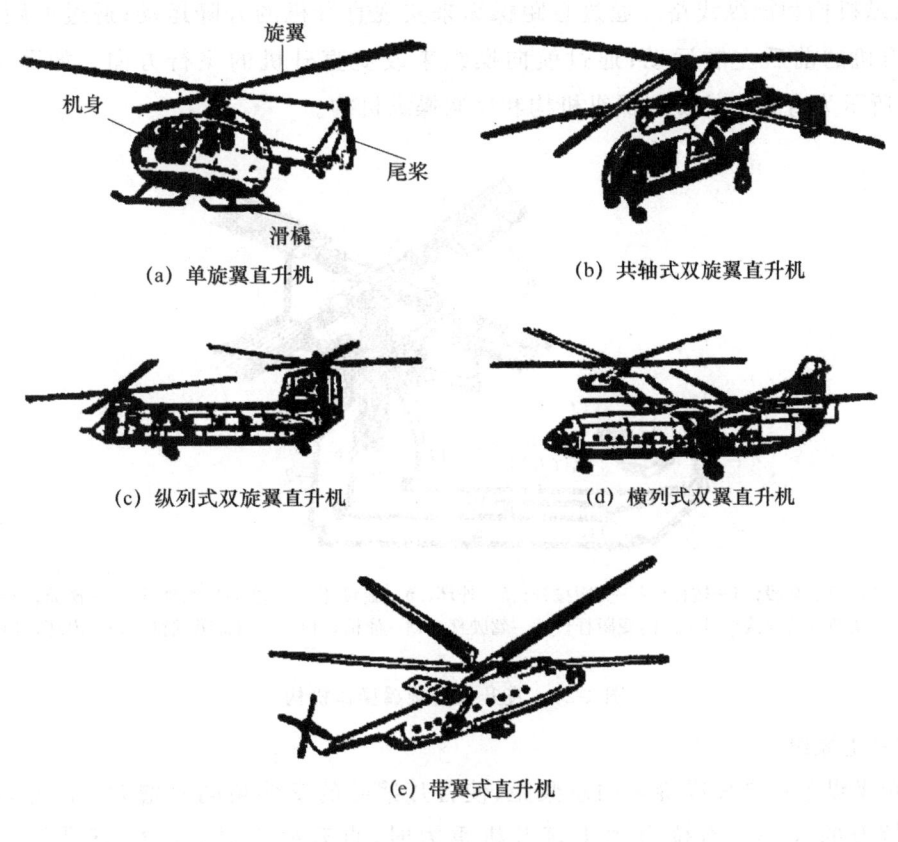

(a) 单旋翼直升机　　(b) 共轴式双旋翼直升机

(c) 纵列式双旋翼直升机　　(d) 横列式双翼直升机

(e) 带翼式直升机

图 4-23 直升机的布局

五、直升机的飞行性能

直升机飞行性能分为垂直飞行性能和前飞性能两类。垂直飞行性能包括：在正常状态（作用在直升机上的力和力矩都处于平衡的、无加速度运动的状态）时，不同高度的垂直上升速度为零所对应的极限高度为理论静升限，也叫悬停高度。这个高度是个理论值，是达不到的。因此，通常把垂直上升速度为 0.5 m/s 所对应的高度称为实用静升限，或叫实用悬停高度。直升机前飞性能与固定翼飞机的飞行性能相似，包括：①平飞速度范围指在不同高度的巡航速度、有利速度和最大速度；②爬升性能指在不同高度上具有前进速度时的最大爬升率、达到不同高度所需的爬升时间及可能爬升到的最大高度（平飞升限或动升限）；③续航性能指在不同高度的最大续航时间和最大航程；④自转下滑性能指在不同高度的最小下滑率和最小下滑角。

1．直升机的操作系统

直升机的操纵系统是指传递操纵指令，进行总距操纵、变距操纵和航向操纵（或脚操纵）的操纵机构和操纵线路。通过总距操纵来实现直升机的升降运动；通过变距操纵来实现直升机的前后左右运动；通过航向操纵来改变直升机的飞行方向。如图 4-24 和图 4-25 所示为直升机的旋翼操纵机构和尾桨操纵机构。

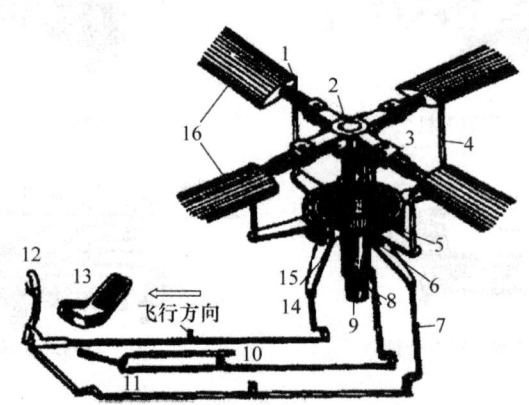

1—桨叶摇臂；2—桨毂；3—拨杆；4—变距拉杆；5—外环；6—旋转环；7—横向操纵摇臂；8—滑筒；9—导筒；10—与发动机节气门连接；11—油门变距杆；12—驾驶杆；13—座椅；14—纵向操纵摇臂；15—内环；16—桨叶

图 4-24　直升机的旋翼操作机构

1）总距操纵

总距操纵是用来操纵旋翼的总桨距，使各片桨叶的安装角同时增大或减小，从而改变旋翼拉力的大小。当拉力大于直升机重力时，直升机上升，反之，直升机下降，如图 4-26(a)所示。当旋翼总桨距改变时，旋翼的需用功率也随着改变。因此，必须相应地改变发动机的油门，使发动机的输出功率与旋翼的需用功率相匹配，以保持旋翼速度不

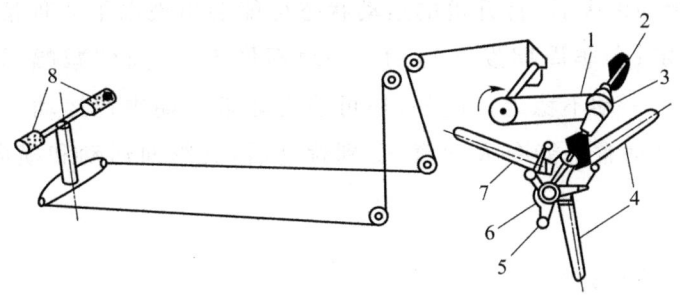

1—传动链条；2—滑动操纵杆；3—蜗杆套筒；4—桨叶纵轴；
5—操纵变距环；6—轴；7—尾桨桨叶；8—脚蹬

图 4-25 直升机的尾桨操作机构

变。为减轻驾驶员负担，发动机油门操纵和总距操纵通常是交联的。当改变总距时，油门开度也相应地改变。因此，总距操纵一般又称为总桨距——油门操纵。

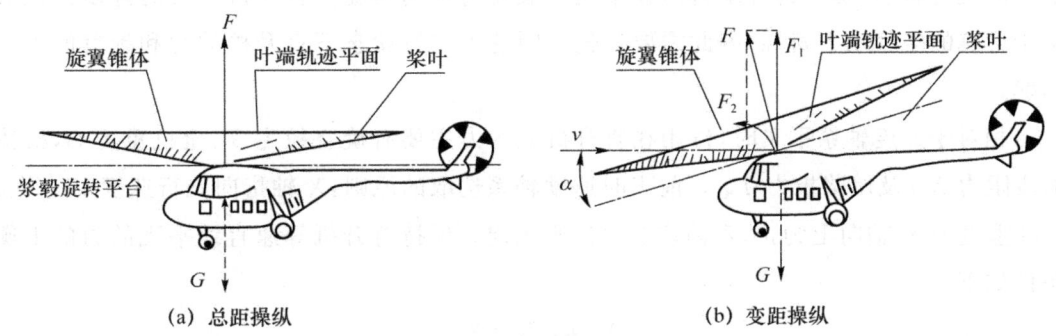

图 4-26 直升机的操作

2) 变距操纵

变距操纵即为周期变距操纵，它通过自动倾斜器使桨叶的安装角周期改变，从而使桨叶升力周期改变，并由此引起桨叶周期挥舞，最终导致旋翼锥体相对于机体向着驾驶杆运动的方向倾斜。由于拉力基本上垂直于桨盘平面，因而拉力也向驾驶杆运动方向倾斜，从而实现纵向（包括俯仰）及横向（包括滚转）运动。例如，当拉力前倾时，产生向前的分力，直升机向前运动；当拉力后倾时，产生向后的分力，直升机向后运动，如图 4-26（b）所示。

3) 航向操纵

航向操纵是通过调节尾桨的桨距来改变尾桨推力（或拉力）大小实现的。当尾桨的推力（或拉力）改变时，此力对直升机重心的力矩与旋翼的反作用力矩不再平衡，直升机绕立轴转动，从而使航向发生变化。

2. 直升机的稳定性

直升机的稳定性是指直升机受到扰动后能够自己恢复其原来状态的能力。直升机的稳定性通常分为静稳定性和动稳定性。一般情况下，直升机受到扰动后偏离原来的平衡状态,当扰动消失后,直升机的运动状态可能会出现以下 4 种情况:①非周期衰减运动——动稳定;②非周期发散运动——动不稳定;③周期减幅运动——动稳定;④周期增幅运动——动不稳定。此外,还可能有非常周期中性运动和周期等幅运动。直升机的动稳定性通常不能令人满意,受到扰动后,其纵向运动和横向运动一般发生变化。

六、直升机的飞行分析

1. 直升机的前飞

直升机的前飞,特别是平飞,是其最基本的一种飞行状态。直升机作为一种运输工具,主要依靠前飞来完成其作业任务。为了更好地了解有关直升机前飞时的飞行特点,从无侧滑的等速直线平飞入手。直升机的水平直线飞行简称平飞。平飞是直升机使用最多的飞行状态,旋翼的许多特点在平飞时表现得更为明显。直升机平飞的许多性能决定于旋翼的空气动力特性,因此需要首先说明这种飞行状态下直升机的力和旋翼的需用功率。

相对于速度轴系平飞时,作用在直升机上的力主要有旋空拉力 T,全机重力 G,机体的废阻力 $X_身$ 及尾桨推力 $T_尾$。前飞时速度轴系选取的原则:X 轴指向飞行速度 V 方向;Y 轴垂直于 X 轴向上为正,Z 轴按右手法则确定。保持直升机等速直线平飞的力的平衡条件如下:

$$X 轴: T_2 = X_身$$
$$Y 轴: T_1 = G$$
$$Z 轴: T_3 \approx T_尾$$

其中,T_1,T_2,T_3 分别为旋翼拉力在 X,Y,Z 三个方向的分量。对于单旋翼带尾桨直升机,由于尾桨轴线通常不在旋翼的旋转平面内,为保持侧向力矩平衡,直升机稍带坡度角。故尾桨推力与水平面之间的夹角为 y,$T_尾$ 与 T_3 方向不完全一致,因为 y 很小,即 $\cos y \approx 1$,故 Z 向力采用近似等号。平飞需用功率及其随速度的变化平飞时,飞行速度垂直分量 $V_v=0$,旋翼在重力方向和 Z 方向均无位移,在这两个方向的分力不做功,此时旋翼的需用功率由三部分组成:型阻功率 $P_型$;诱导功率 $P_诱$;废阻功率 $P_废$。其中,$P_型$ 是旋翼拉力克服机身阻力所消耗的功率。

直升机的拉力状态如图 4-27 所示。从图 4-27 可以看出,旋翼拉力的第二分力可平衡机身阻力,对旋翼而言,其分力 T_2 在 X 轴方向以速度 V 作位移。显然旋翼须做功,$P = T_2 V$ 或 $P_废 = X_身 V$,而机身废阻 $X_身$ 在机身相对水平姿态变化不大的情况下,其值近似与 V 的二次方成正比。这样废阻功率 $P_诱$ 就可以近似认为与平飞速度的三次方成正比。

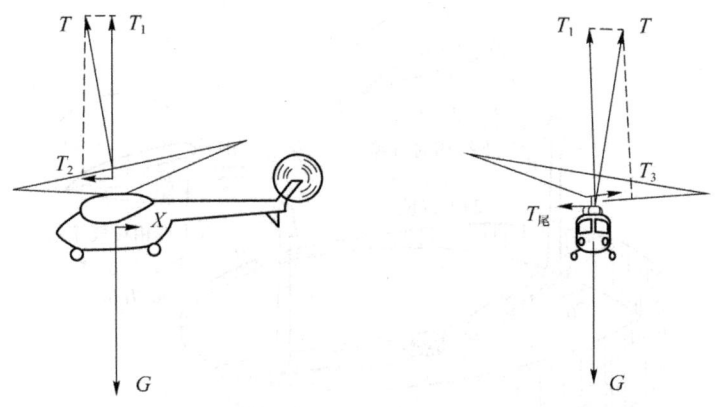

图 4-27　直升机的拉力状态

如图 4-28 中的曲线③所示。直升机平飞时,诱导功率为 $P_{诱}=Tv_l$,其中 T 为旋翼拉力,v_l 为诱导速度。当飞行质量不变时,近似认为旋翼拉力不变,诱导速度随平飞速度 V 的增大而减小,因此平飞诱导功率 $P_{诱}$ 随平飞速度 V 的变化如图 4-28 中曲线②所示。型阻功率 $P_{型}$ 则与桨叶平均迎角有关,随平飞速度的增加其平均迎角变化不大,所以 $P_{型}$ 随平飞速度 V 的变化不大,如图 4-28 中曲线①所示。

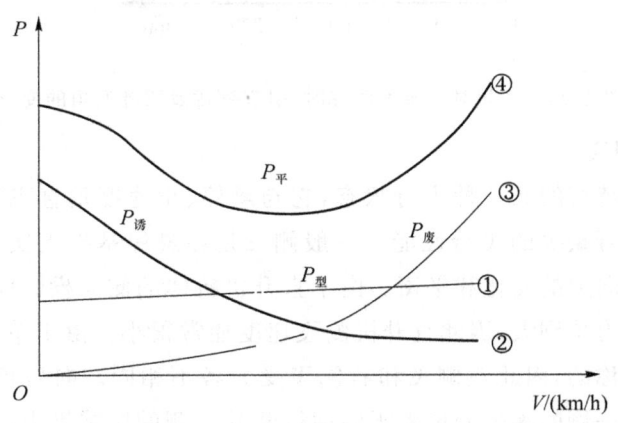

图 4-28　直升机平飞需用功率随速度的变化

图 4-28 中的曲线④为上述三项之和,即总的平飞需用功率 $P_{平}$ 需随平飞速度 V 的变化而变化。它是一条马鞍形的曲线:小速度平飞时,废阻功率很小,但这时诱导功率很大,所以总的平飞需用功率仍然很大,但比悬停时要小些。在一定速度范围内,随着平飞速度的增加,由于诱导功率急剧下降,而废阻功率的增量不大,因此总的平飞需用功率随平飞速度的增加呈下降趋势,但这种下降趋势随 V 的增加逐渐减缓。速度继续增加,由于废阻功率随平飞速度的增加而急剧增加,总的平飞需用功率快速增加。

相对气流不对称,引起挥舞及桨叶迎角的变化如图 4-29 所示。

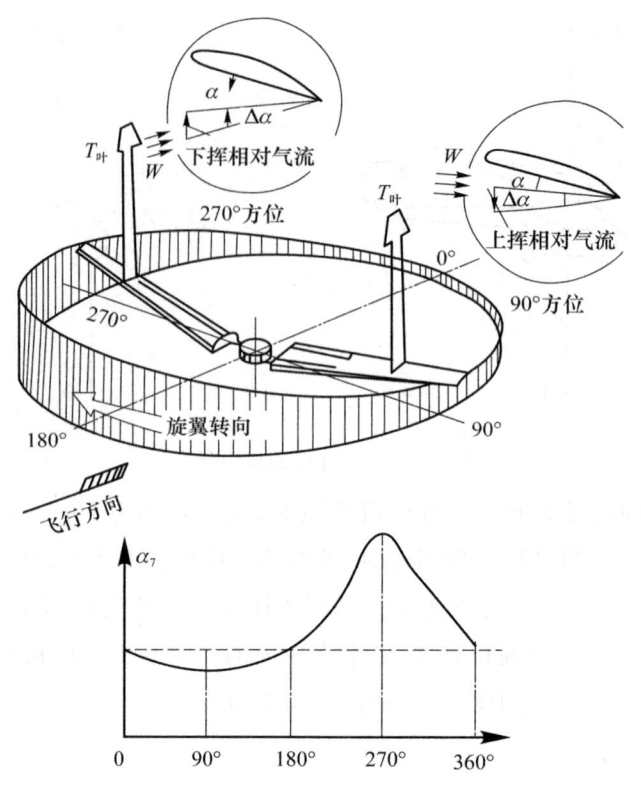

图4-29 当相对气流不对称时,引起挥舞及桨叶迎角的变化

2. 直升机的侧飞

侧飞是直升机特有的又一种飞行状态,它与悬停、小速度垂直飞行及后飞一起是实施某些特殊作业不可缺少的飞行性能。一般侧飞是在悬停基础上实施的飞行状态。其特点是要多注意侧向力的变化和平衡。由于直升机机体的侧向投影面积很大,机体在侧飞时其空气动力阻力特别大,因此直升机侧飞速度通常很小。由于单旋翼带尾桨直升机的侧向受力是不对称的,因此左侧飞和右侧飞受力各不相同。向后行桨叶一侧侧飞,旋翼拉力向后行桨叶一侧的水平分量大于向前行桨叶一侧的尾桨推力,直升机向后方向运动,会产生与水平分量反向的空气动力阻力 z。当侧力平衡时,水平分量等于尾桨推力与空气动力阻力之和,能保持等速向后行桨叶一侧侧飞。向前行桨叶一侧侧飞时,旋翼拉力的水平分量小于尾桨推力,在剩余尾桨推力作用下,直升机向尾桨推力方向一侧运动,空气动力阻力与尾桨推力反向,当侧力平衡时,保持等速向前行桨叶一侧飞行。

直升机飞行主要靠旋翼产生的拉力。当旋翼由发动机通过旋转轴带动旋转时,旋翼给空气以作用力矩(或称扭矩),空气必然在同一时间以大小相等、方向相反的反作用力矩作用于旋翼(或称反扭矩),从而再通过旋翼将这一反作用力矩传递到直升机机体上。如果不采取措施进行平衡,那么这个反作用力矩就会使直升机沿逆旋翼转动方向旋转,如图4-30所示。

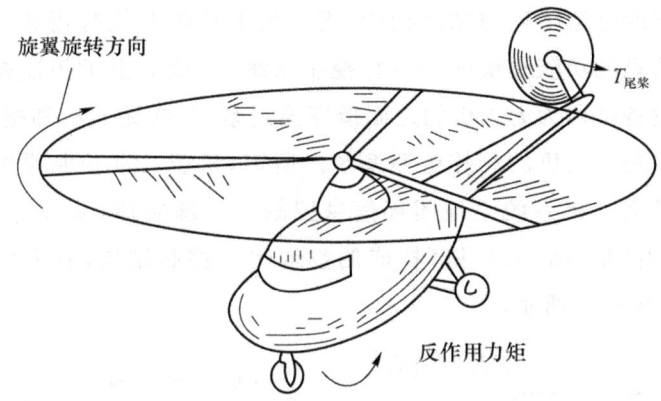

图 4-30　单旋翼直升机的反作用力扭矩

第三节　无人机系统的空地闭环控制

一、无人机系统的空地信息闭环

无人机的最大特点在于"机上无人"。为了使无人机能够在没有机上飞行员操控的情况下仍然保持正确地飞行，就必须使无人机具有一定的自主飞行能力，也就是说，需要在无人机上有一套自动飞行控制系统，控制无人机按照期望的要求飞行。同时，无人机的飞行情况还要能被地面监视和操控，以保证地面人员能够实时地了解无人机的飞行状态，并在需要的时候，比如无人机的飞行出现异常状态时，地面人员能够及时干预无人机的飞行，确保飞行安全。因此，对于无人机来说，尽管机上无人操作，但地面必须有人对其进行监控。在这种模式下，关于无人机飞行与任务状态的遥测信息应当实时地传送到地面，供地面人员掌握无人机的工作状况；另外，地面人员对无人机的操控要求、干预措施等也应当能以遥控指令的方式发给无人机，并由无人机执行，这就构成了无人机系统的空地信息闭环，如图 4-31 所示。

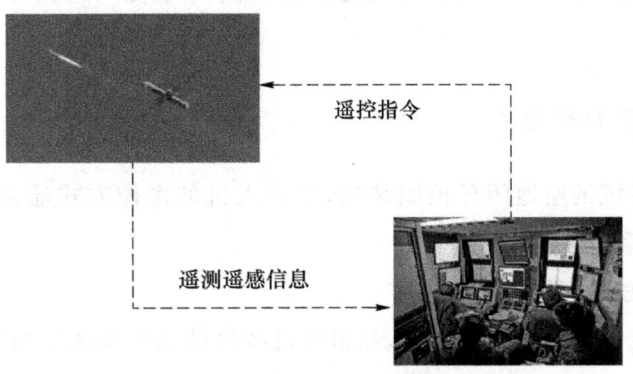

图 4-31　无人机系统的空地信息闭环示意图

在无人机系统的空地闭环控制结构中,无人机上接收并执行指令、负责控制无人机飞行及发送状态信息的功能模块就是飞行控制系统,而地面上承担监视无人机状态、操控无人机飞行的设备被称为无人机的地面指挥控制系统,在无人机和指控系统之间传送遥控遥测信息的即是无人机的测控链路系统。所以,机载自动控制系统、地面指控系统和测控链路就成了无人机系统空地闭环信息控制的物理实体,从飞行和任务的角度来看,无人机系统是由"机、站(人)、链"构成的空地闭环控制结构,其突出特点是"机上无人、人在回路",如图4-32所示。

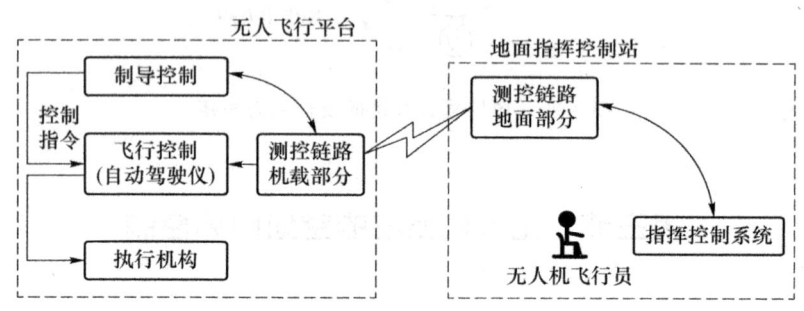

图 4-32 无人机系统的空地闭环控制结构示意图

在无人机系统的空地闭环控制结构中,机载自动驾驶仪的输入信号为控制指令,当无人机工作在遥控控制模式下时,控制指令来自地面指挥控制系统中的无人机操控员,也称无人机的飞行员。无人机飞行员通过操纵驾驶杆、油门杆,或是指令键盘产生控制指令,并通过测控链路传送给无人机的机载接收模块,该机载接收模块把接收的指令输出给飞控系统,对于小型无人机来说,也可称为自动驾驶仪,由它执行来自飞行员的操控指令,保证无人机安全正确地飞行。在飞行过程中,无人机的状态信息等也将通过测控链路传送到地面指挥控制系统的显示设备上,无人机飞行员即可通过监视设备了解无人机的状态信息。当无人机工作于自动飞行模式时,对自动驾驶仪的控制指令将不再由飞行员给出,而是由机载的制导模块根据飞行要求自动给出。此时地面的飞行员只对无人机的飞行状态进行监视,仅当出现紧急情况时才切入遥控控制模式,对无人机实施操控。

二、无人机系统的操控方式

根据无人机系统的空地闭环控制结构,对无人机的操控方式通常可以有三种,即自主飞行、指令控制和人工控制。

1. 自主飞行方式

自主飞行方式也称程序控制方式,是指由机载自动控制系统控制无人机按照预先设定的路线自动完成飞行,不需要人的参与。工作在程序控制方式下时,机载计算机解算出待飞距离、偏航距离,并判断当前航段是否结束等制导信息,选择自动驾驶模态。目前,世界上已投入使用的无人机一般都采用程序控制的飞行方式。

2. 指令控制方式

指令控制方式是指由无人机飞行员通过地面指令输入设备发送遥控或遥调指令,控制无人机飞行的方式。在指令控制方式下,飞行员以遥控或遥调指令的方式干预无人机的飞行是一种非连续的操控方式,而无人机通过自动驾驶仪或飞控系统来响应这些指令,实现对无人机飞行的控制。

遥控指令通常可分为无人机的飞行模态控制、任务设备控制、发动机控制以及航路操作等指令。其中,飞行模态控制指令包括纵向遥控指令和横侧向遥控指令两类,即纵向遥控指令包括平飞、爬升、下滑等指令,横侧向遥控指令包括直飞、左转弯、右转弯以及盘旋等指令;任务设备控制指令包括火控、有效载荷、空速管加热、航灯、螺旋桨控制器等的通断电以及前轮收放等指令;发动机控制指令用于控制发动机的工作状态;航路操作指令主要是指从当前航路点切入某个航路点的航点切换指令。遥调指令用于对飞行高度、速度、俯仰角、滚转角、航向角和侧偏等飞行参数进行调节。

3. 人工控制方式

顾名思义,人工控制就是完全由飞行员通过驾驶杆、油门杆等操控设备来操控无人机的飞行。根据无人机飞行控制回路接入的程度,人工控制方式可以分为三种工作模式:超控模式、增稳模式和直连模式。超控模式是指无人机在保持姿态增稳和控制回路的基础上,加入人工操控量的控制方式。增稳模式是指无人机控制系统仅保持姿态角增稳回路,将姿态角控制回路和航迹控制回路断开的一种人工控制模式。直连模式是指控制量完全来自飞行员的人工操纵,即相当于飞行员通过驾驶杆直接操控无人机。

三、无人机系统空地闭环控制的功能分配与挑战

对于无人机系统的空地闭环控制结构来说,其整体的控制功能就是控制无人机安全稳定地飞行和完成任务,而这一功能的实现则要依赖于机载的自动控制系统、地面指控系统中的功能模块和无人机飞行员,因此,需要考虑空地闭环控制的功能分配问题,这与无人机自主化技术的发展密切相关。

对于早期的无人机系统来说,自动控制技术还比较简单,机载控制系统仅能完成基本的无人机姿态控制和航路保持功能,则大量复杂状态的控制需要依赖地面的飞行员来完成,比如早期的"捕食者"等许多型号的无人机,其起飞、降落都需要飞行员人工操控完成。随着无人机自主飞行技术的完善,现在的先进无人机,包括"捕食者"在内,都可以自动完成从起飞、爬升、巡航到返航着陆的全过程,所以对飞行员的操控功能的需求正在逐渐被弱化,同时,地面指控系统中的任务规划功能则成为不可或缺的功能模块。今后,

随着无人机自主化技术的提高,飞行员的操控功能将最终被机器所代替,成为对无人机飞行的监督者、决策者的角色。发展高效可靠的无人机自主控制技术,实现完全的自主飞行与管理是无人机技术发展的不懈追求和巨大挑战。

除了需要考虑功能分配问题外,对于空地闭环控制结构还需要考虑来自通信延迟的挑战。由于指令和数据的传输需要通过通信链路在空地之间传输,这就会造成一些信号的延迟。这些延迟或许时间很短,对于非实时的应用来说,可能并不是很重要的问题,但对于无人机飞行员的操控来说,却是非常重要的问题。例如,通过卫星链路对无人机进行控制时会存在 600 ms 左右的延迟,在正常的巡航阶段是可以接受的,但在起飞/着陆等阶段则可能会产生灾难性的影响。另外一些挑战主要来自对环境和对飞机的感知等。

第四节　飞行控制的基本原理

一、无人机的运动与控制面

无人机在空间的运动主要体现在姿态的变化和轨迹的变化,根据其运动性质可分为两类,即质心的平动和绕质心的转动。质心的平动运动包括了前后平移、上下升降和左右侧移,绕质心的转动运动则包括了俯仰、偏航和滚转运动。所以,无人机控制的基本问题就是实现对无人机 6 个自由度的平动和转动运动的自动控制。

控制无人机发生运动的改变,需要改变无人机所受到的气动力和气动力矩。而气动力和气动力矩的改变则要依赖于无人机相应的舵面或翼面的偏转,为此,把无人机上能够偏转的用于控制无人机姿态改变的舵面或翼面称为无人机的控制面或操纵面。对于常规布局的无人机来说,传统的控制面主要有三种,即升降舵、副翼和方向舵。

1. 升降舵

升降舵是安装在水平尾翼后缘的可活动的舵面,左右水平尾翼各安装一个,以同步方式偏转。通过升降舵的同步偏转,可以改变水平尾翼上所受气动合力的方向,进而产生使飞机低头或抬头的力矩,称为俯仰控制力矩,使飞机发生期望的俯仰运动。例如,若使升降舵上偏,则水平尾翼上会受到向下的气动合力,此力相对机体重心会产生一个使机头上仰的俯仰控制力矩,使飞机抬头,反之则会使飞机产生低头运动。

2. 副翼

副翼位于左右机翼的后缘,以差动方式偏转。当无人机需要发生滚转运动时,左右副翼会同时以同样的角度分别向上和向下偏转,使左右机翼产生的升力发生变化,进而产生使飞机向左或向右偏转的力矩,称为滚转控制力矩。通过调整该力矩的大小,就会控制无人机发生期望的滚转运动（或称倾斜运动）。例如，若使左机翼上的副翼向上偏转，右机翼上的副翼下偏，则左机翼升力会下降，右机翼升力将增加，左右机翼升力的变化就会产生向左的滚转控制力矩，使无人机发生向左的滚转运动（或称飞机向左倾斜）。

3. 方向舵

方向舵设在垂直尾翼后缘，通过偏转方向舵，改变作用在垂直尾翼上的气动力的方向和大小，产生使飞机机头偏转的力矩，达到改变方向的目的。如方向舵右偏，则垂直尾翼右侧表面的气流流速减缓，使垂直尾翼右侧所受到的压力增大，同时垂直尾翼左侧所受到的压力会减小，这样，在垂直尾翼上就会产生一个向左的气动合力，这个力将会产生一个相对于机体重心使机头右偏的力矩，称为航向控制力矩，从而使无人机机头向右偏转，反之则会使机头向左偏转。所以，通过控制方向舵的偏转角度，就可以达到控制无人机航向偏转的目的。

需要说明的是，上述三种舵面或翼面只是常规的控制面，对于气动布局比较特殊的无人机来说，还会有其他形式的控制面。另外，油门也是控制无人机运动的设备。

二、飞行控制的负反馈原理

在传统观念中，飞机通常需要由人来驾驶和操控，而无人机则是把操控飞机的飞行员请出了座舱，那么就需要有能够代替飞行员实现对飞机操控的机载设备，这就是飞行控制系统，其遵循的基本工作原理就是飞行控制的基本原理。为了说明这个基本原理，需要首先了解飞行员是如何驾驶飞机的。

以飞行员操控飞机保持水平飞行为例，来分析飞行员控制飞机的过程。当飞机水平直线飞行受到阵风干扰时，它会偏离原有姿态，如飞机会产生抬头。此时飞行员用眼睛观察到仪表板上陀螺地平仪的变化，会根据驾驶知识推动驾驶杆，使升降舵向下偏转产生相应的下俯力矩，从而使飞机重新趋于水平。在此过程中，飞行员通过仪表板看到陀螺地平仪的变化，逐渐把驾驶杆收回原位，当飞机回到原水平姿态时，驾驶杆和升降舵也回原位，完成对飞机保持水平的控制。飞行员对飞机的操控信息流程如图4-33 所示。

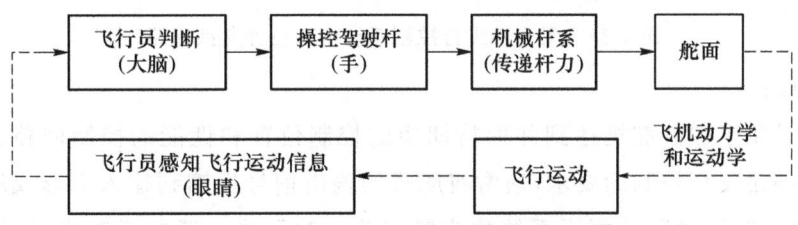

图 4-33　飞行员对飞机的操控信息流程

图 4-33 是一个闭环反馈控制系统，如果用一个自动控制设备代替图中飞行员的功

能,就能实现无人机的自动飞行。为此,需要用三类装置实现飞行员的眼、脑、手的功能,分别就是传感器、控制器和执行机构,这些部件和装置的总和就构成了无人机的自动驾驶仪,其控制原理如图 4-34 所示。首先需要传感器测量无人机的飞行状态,然后由控制器按照控制律解算出控制信号,并交给执行机构来操纵舵面,从而产生空气动力和力矩来控制无人机的飞行状态。当无人机偏离原始状态,传感器感受到偏离方向和大小,并输出相应信号给控制器,控制器按照负反馈控制原理计算出需要的控制量,经放大处理后通过执行机构控制舵面偏转。由于整个系统是按负反馈原理工作的,其结果是使无人机趋向原始状态。当无人机回到原始状态时,传感器输出信号为零,舵机以及相连的舵面也回到原位,无人机重新按原始状态飞行。

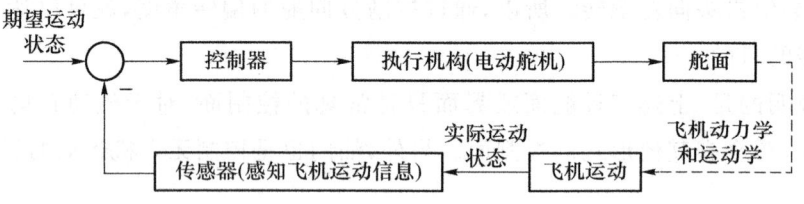

图 4-34　自动飞行控制的反馈控制原理

三、典型的飞行控制回路

按照反馈原理构建的自动飞行控制系统及其控制目标和要求的不同,典型的控制回路,即舵回路、稳定回路和制导回路,如图 4-35 所示。

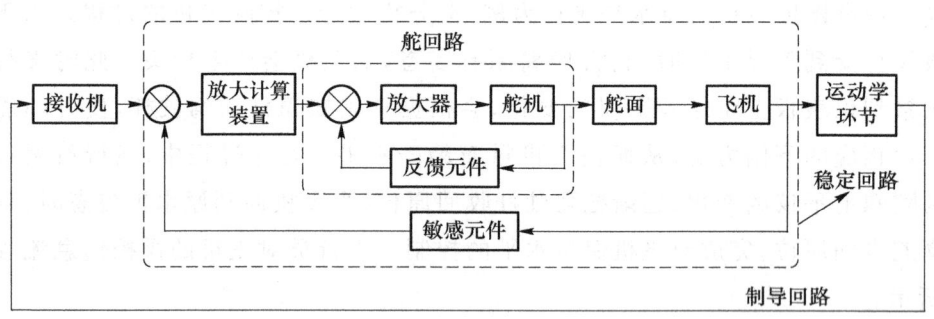

图 4-35　无人机飞行控制系统中的三种典型回路

1. 舵回路

舵回路是用于控制舵机达到并保持期望的控制位置和性能的控制回路。为了改善舵机性能以满足飞行控制的要求,通常将舵机的输出信号反馈到输入端形成舵机性能的负反馈控制回路,这种随动伺服系统称为舵回路。舵回路一般包括舵机、反馈元件和放大器。

2. 稳定回路

稳定回路是用于控制和稳定无人机姿态的控制回路。由测量无人机飞行姿态信息的测量部件和舵回路构成自动驾驶仪,自动驾驶仪和被控对象(无人机)又构成了稳定回路,主要起稳定和控制无人机姿态的作用。由于该回路包含了无人机,而无人机的动态特性又随着飞行条件(如高度、速度等)而变化。所以,为了保证在各种飞行状态下都具有较好的性能,有时将其控制律参数设置为随飞行条件变化的动态调整模式。

3. 制导回路

制导回路是用于控制和调整无人机按照期望轨迹飞行的控制回路。由稳定回路和无人机重心位置测量部件以及描述无人机空间位置几何关系的运动学环节构成,主要起稳定和控制无人机运动轨迹的作用。制导回路是在无人机的角运动稳定与控制回路的基础上构成的,无人机的重心运动是通过控制无人机的角运动实现的,这种通过姿态的变化来控制飞行轨迹的方式,是目前大多数航空飞行器控制飞行轨迹的主要方式。

通常要想控制无人机的运动首先必须考虑它的角运动,使其姿态发生变化,然后才能使它的重心轨迹发生相应的变化。因此,以姿态角信号反馈为基础的飞行姿态稳定和控制回路称为内回路。同时,为了提高角控制系统的动态性能,还应该采用由角速率反馈所构成的阻尼回路来弥补无人机自身阻尼的不足,从而改善姿态运动的稳定性。

从图4-35可知,飞行控制系统的内回路是飞行高度、航向、轨迹等外回路控制的基础。其中,无人机的高度保持就是在俯仰角内回路的基础上,通过引入气压高度反馈信号构成飞行高度稳定外回路来实现的;航向控制与稳定是通过将航向信号反馈到滚转控制通道,构成飞行航向控制外回路来实现的;自主导航飞行是在飞行导航控制回路的基础上,引入侧偏距反馈构成航迹控制外回路来实现的。

第五节 无人机飞行控制律的设计

飞行控制律是无人机实现自动飞行控制的核心,也是灵魂。按照功能和所处层级的不同,可以把飞行控制律分为系统级的控制律和单项功能的控制律。系统级的控制律主要用于实现整个无人机控制系统的功能调度、指令解算、导航管理、系统管控等,单项功能的控制律则是面向各个具体的控制功能单元的控制律,如无人机姿态控制律、发动机状态控制律、速度控制律、高度控制律、应急状态控制律等。本节主要介绍部分单项功能的飞行控制律的设计原理。

一、无人机飞行运动建模

为了设计飞行控制律,首先需要建立无人机的飞行运动方程,并对其动态特性进行分析。运动中的无人机是一个复杂的动力学系统,它的运动特性受到多种因素的影响,如机体弹性变形、无人机的旋转部件、质量随时间的变化、地球的曲率以及大气的运动等。如果把所有的相关因素都考虑进去,将会使运动方程变得十分复杂。为了简化分析,建立无人机数学模型时,通常做如下假设:

(1) 无人机为刚体,忽略弹性形变的影响,并且质量为常数;
(2) 假设地面坐标系为惯性坐标系;
(3) 忽略地球曲率,采用"平板地球假设",将地面视作平面;
(4) 重力加速度不随高度而变化;
(5) 无人机几何外形对称,内部质量亦对称,即惯性积 $I_{xy} = I_{zy} = 0$。

建立无人机的运动模型,就是要把无人机在空间的运动规律用数学方程表示出来。无人机在空间有 6 个自由度的运动,即 3 个质心运动和 3 个角运动。为了建立描述其运动的数学模型,必须合理地确定相应的坐标系来定义和描述无人机的运动参数。通常,航空用坐标系有两种体系:俄罗斯体系坐标系和欧美体系坐标系,本书采用欧美体系坐标系。

1. 坐标系定义

1) 地面坐标系

在地面选取一点 O_g,使 x_g 轴在水平面内并指向某一方向,z_g 轴垂直于地面并指向地心,y_g 轴也在水平面内并垂直于 x_g 轴,其指向按照右手定则确定,如图 4-36(a)所示。

2) 机体坐标系

原点 O 取在飞机质心处,坐标系与飞机固连,x 轴在飞机对称平面内并平行于无人机的设计轴线指向机头,y 轴垂直于无人机对称平面指向机身右方,z 轴在无人机对称平面内,与 x 轴垂直并指向机身下方,发动机推力一般按机体坐标系给出,如图 6-6(b)所示。

3) 速度坐标系

速度坐标系也称气流坐标系,原点 O 取在无人机质心处,坐标系与无人机固连,x_a 轴与飞行速度 V 重合一致,z_a 轴在无人机对称平面内与 x_a 轴垂直并指向机腹下方,y_a 垂直于 Ox_az_a 平面并指向机身右方,作用在无人机上的空气动力一般按照速度坐标系给出,如图 6-6(c)所示。

4) 航迹坐标系

原点 O 取在无人机质心处,坐标系与无人机固连,x_k 轴与飞行速度重合,z_k 轴位于包含无人机速度 V 在内的铅垂面内,与 x_k 轴垂直并指向下方,y_k 轴垂直于 $Ox_k z_k$ 平面,其指向按照右手定则确定,航迹坐标系可使无人机质心运动方程简化,如图 6-6(d)所示。

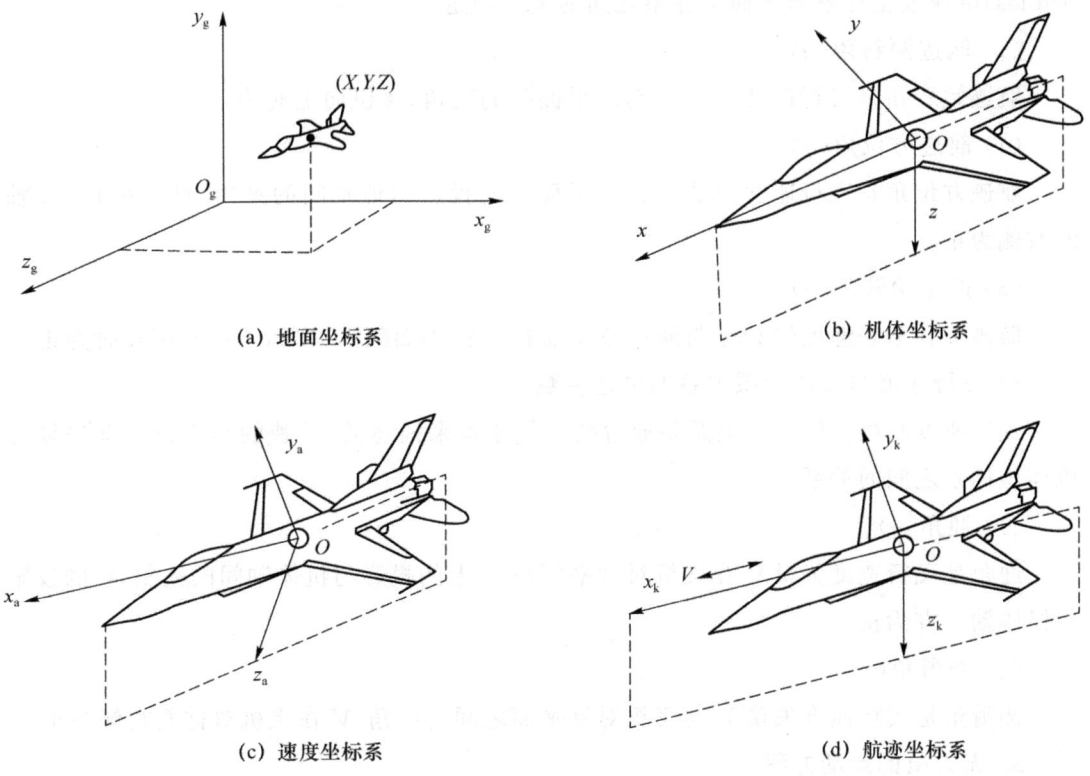

图 4-36 无人机建模用坐标系

2. 无人机运动的描述参数

1) 无人机的姿态参数

无人机的姿态参数用于表征无人机的姿态角,反映无人机在三个轴向的姿态。姿态角是由机体坐标系与地面坐标系之间的关系确定的。

(1) 俯仰角(θ)

俯仰角为机体轴 Ox 与水平面 $O_g x_g y_g$ 之间的夹角。当抬头时,θ 为正。俯仰角 θ 的范围为 $-90°\leqslant\theta\leqslant90°$。

(2) 偏航角(ψ)

偏航角为机体轴 Ox 在水平面 $O_g x_g y_g$ 上的投影与地轴 $O_g x_g$ 间的夹角。当机头右偏时,ψ 为正。偏航角的范围为 $-180°\leqslant\psi\leqslant180°$。

(3) 滚转角(ϕ)

滚转角为机体轴 Oz 与机体轴 Ox 铅垂面间的夹角。当飞机右滚转时,ϕ 为正。滚转角范围为 $-180°\leqslant\phi\leqslant180°$。

2) 无人机的轨迹参数

无人机的轨迹参数用于描述无人机的飞行航迹,主要是三个航迹角(Flight-path Angles)由速度坐标系与地面坐标系之间的关系确定。

(1) 航迹倾斜角(μ)

航迹倾斜角是飞行速度矢量 V 与地平面间的夹角,飞机向上时为正。

(2) 航迹方位角(φ)

航迹方位角是飞行速度矢量 V 在地平面上的投影与地轴间的夹角,投影在 $O_g x_g$ 轴的右侧为正。

(3) 航迹滚转角(γ)

航迹滚转角是速度轴 Oz_a 与通过速度轴 Ox_a 铅垂面间的夹角,飞机右滚转时为正。

3) 飞行速度与机体轴系关系的描述参数

飞行速度与机体轴系的关系是通过两个气流角来描述的,反映的是飞行速度矢量与机体坐标系之间的关系。

(1) 迎角(α)

迎角是飞行速度矢量 V 在飞机对称平面 Oxz 上的投影与机体轴间的夹角,V 的投影在机体轴下方为正。

(2) 侧滑角(β)

侧滑角是飞行速度矢量 V 与飞机对称平面之间的夹角,V 在飞机对称面右侧为正。

3. 无人机的运动方程

无人机的运动方程通常又可分为动力学方程和运动学方程,动力学方程以牛顿第二定律为基础建立,运动学方程通过坐标变换得出。在惯性参考系中应用牛顿第二定律可以建立起飞行器在外合力 F 作用下的线运动和在合力矩 M 作用下的角运动方程。

首先建立无人机的动力学方程组。无人机在合外力作用下的线运动方程为:

$$\sum F = \frac{\mathrm{d}}{\mathrm{d}t}(mV) = m\frac{\mathrm{d}V}{\mathrm{d}t} \tag{4-2}$$

由式(4-2)可导出无人机在三个方向的线运动方程组为:

$$\begin{cases} \dot{u} = vr - wq - g\sin\theta + \dfrac{F_x}{m} \\ \dot{v} = -ur + wp + g\cos\theta\sin\phi + \dfrac{F_y}{m} \\ \dot{w} = uq - vp + g\cos\theta\cos\phi + \dfrac{F_z}{m} \end{cases} \tag{4-3}$$

其中:$[p \quad q \quad r]^\mathrm{T}$ 为机体坐标系相对于惯性坐标系的角速度向量在机体坐标系上的三个分量;$[u \quad v \quad w]^\mathrm{T}$ 为无人机质心的速度向量在机体坐标系上的分量;ϕ 为滚转角;θ 为俯仰角。

无人机在合外力矩作用下的角运动为：

$$\sum M = \frac{\mathrm{d}L}{\mathrm{d}t} \tag{4-4}$$

进一步导出无人机在一个方向的角运动方程组为：

$$\begin{cases} L = \dot{p}I_x - \dot{r}I_{xz} + qr(I_z - I_y) - pqI_{xz} \\ M = \dot{q}I_y + pr(I_x - I_z) + (p^2 - r^2)I_{xz} \\ N = \dot{r}I_z - \dot{p}I_{xz} + pq(I_y - I_x) + qrI_{xz} \end{cases} \tag{4-5}$$

建立动力学方程组后，还需要建立无人机的运动学方程组。对于无人机质心的位移运动，即线运动，包括前后平移运动、升降运动和侧移运动，需要建立无人机质心的位移方程组。假设无人机质心的位移运动在地面坐标系内的三个分量为 $\begin{bmatrix} \dot{x}_g & \dot{y}_g & -\dot{h} \end{bmatrix}^\mathrm{T}$，可以通过地面坐标系与机体坐标系的转换关系建立质心位移方程如下：

$$\begin{cases} \dot{x}_g = u\cos\theta\cos\psi + v(\sin\phi\sin\theta\cos\psi - \cos\phi\sin\psi) + w(\sin\phi\sin\psi + \cos\phi\sin\theta\cos\psi) \\ \dot{y}_g = u\cos\theta\sin\psi + v(\sin\phi\sin\theta\sin\psi + \cos\phi\cos\psi) + w(-\sin\phi\cos\psi + \cos\phi\sin\theta\sin\psi) \\ \dot{h} = u\sin\theta - v\sin\phi\cos\theta + w\cos\phi\cos\theta \end{cases} \tag{4-6}$$

对于无人机绕质心的旋转运动，即角运动，包括俯仰角运动、偏航角运动和滚转角运动。需要确定三个姿态角速率 ($\dot{\phi}, \dot{\theta}, \dot{\psi}$) 与机体坐标系的三个角速度分量 ($p, q, r$) 之间的关系。

$$\begin{cases} \dot{\phi} = p + (r\cos\phi + q\sin\phi)\tan\theta \\ \dot{\theta} = q\cos\phi - r\sin\phi \\ \dot{\psi} = \dfrac{1}{\cos\theta}(r\cos\phi + q\sin\phi) \end{cases} \tag{4-7}$$

综合式(4-2)、式(4-4)、式(4-7)，即为描述无人机运动的12个非线性微分方程，这些就是无人机的飞行运动模型。从上述方程式可以看出，这些运动方程具有高度的非线性因素，如果直接进行飞行控制律的设计将会非常复杂。在自动控制理论中通常采用小扰动法把非线性系统线性化。根据小扰动原理，扰动运动的状态参数可由基准运动参数附加一小扰动量来表示，即有：

$$\begin{cases} V = V_0 + \Delta V, \phi = \Delta\phi \\ \alpha = \alpha_0 + \Delta\alpha, \theta = \theta_0 + \Delta\theta \\ \beta = \Delta\beta, \psi = \Delta\psi \\ p = \Delta p, \mu = \mu_0 + \Delta\mu \\ q = \Delta q, x_g = x_{g_0} + \Delta x_g \\ r = \Delta r, y = \Delta y_g \\ z_g = z_{g_0} + \Delta z_g \end{cases} \tag{4-8}$$

将上述状态量代入无人机的 12 个运动方程,进行泰勒级数展开,并减掉基准运动,即可得到 12 个基于小扰动变化量的无人机线性化运动,将其重新排列成两组方程如下:

$$\begin{cases} m\Delta \dot{V} = (-T_0\sin\alpha_0 + mg\cos\mu_0) \cdot \Delta\alpha + \Delta T\cos\alpha_0 - \Delta D - mg\cos\mu_0 \cdot \Delta\theta \\ mV_0\Delta\dot{\alpha} = (-T_0\cos\alpha_0 + mg\sin\mu_0) \cdot \Delta\alpha + \Delta T\sin\alpha_0 - \Delta L + mV_0 q - mg\sin\mu_0 \cdot \Delta\theta \\ \Delta\dot{q} = \dfrac{\Delta M}{I_y} \\ \Delta\dot{\theta} = q \\ \Delta\dot{x}_g = \Delta V\cos\mu_0 - V_0\sin\mu_0 \cdot (\Delta\theta - \Delta\alpha) \\ \Delta\dot{h} = \Delta V\sin\mu_0 - V_0\cos\mu_0 \cdot (\Delta\theta - \Delta\alpha) \end{cases} \quad (4\text{-}9)$$

$$\begin{cases} mV_0\Delta\dot{\beta} = \Delta Y - \Delta p\sin\alpha_0 + \Delta r\cos\alpha_0 \\ \Delta\dot{p} = c_3\Delta\overline{L} + c_4\Delta N \\ \Delta\dot{r} = c_4\Delta\overline{L} + c_9\Delta N \\ \Delta\dot{\phi} = \Delta p + \Delta r\cos\theta_0 \\ \Delta\dot{\psi} = \dfrac{\Delta r}{\cos\theta_0} \\ \Delta\dot{y}_g = V_0\Delta\phi \end{cases} \quad (4\text{-}10)$$

上述分析结果表明,无人机的运动方程可分解为两组相对独立的微分方程,组内各方程间气动力交联较强,组间交联很弱。从而可把飞机在空间的运动划分为两个方向上的运动分别进行考虑。在式(4-9)中的状态变量 $\Delta V, \Delta\alpha, \Delta q, \Delta\theta, \Delta x_g, \Delta h$ 恰好是在无人机在对称平面 Oxz 内运动的状态变量,反映的是无人机的纵向运动,包括前后平移、上下升降和俯仰,所以称其为无人机的纵向运动方程组。而式(4-10)中的变量 $\Delta\beta, \Delta p, \Delta r, \Delta\phi, \Delta\psi, \Delta y_g$ 则是无人机横侧向运动的状态变量,反映的是无人机的横侧向运动,包括左右侧移、横滚和偏航,将其称为无人机的横侧向运动方程组。这两组方程共同构成了无人机的运动方程。以上两式的结论说明无人机的运动方程可以实现解耦,这就给研究无人机的运动规律和实现无人机的运动控制带来了很大的方便。但是要注意,这种解耦的前提是基准运动为定常直线无侧滑飞行。

为了适应于控制律的分析和设计,可将式(4-9)和式(4-10)给出的无人机线性化运动方程写成状态方程的形式。选择纵向运动状态变量为 $X = [\Delta V \quad \Delta\alpha \quad \Delta q \quad \Delta\theta]^T$,输入为 $U = [\delta_T \quad \delta_e]^T$,得到无人机纵向运动的状态方程为:

$$E\dot{X} = AX + BU \tag{4-11}$$

其中

$$E = \begin{bmatrix} 1 & 0 & 0 & 0 \\ 0 & V_0 & 0 & 0 \\ 0 & 0 & 1 & 0 \\ 0 & 0 & 0 & 1 \end{bmatrix}, \quad B = \begin{bmatrix} X_{\delta_T}\cos\alpha_0 & X_{\delta_e} \\ -X_{\delta_T}\cos\alpha_0 & Z_{\delta_e} \\ M_{\delta_T} & M_{\delta_e} \\ 0 & 0 \end{bmatrix},$$

$$A = \begin{bmatrix} X_V + X_{TV}\cos\alpha_0 & X_\alpha & 0 & -g\cos\mu_0 \\ Z_V - X_{TV}\sin\alpha_0 & Z_\alpha & V + Z_q & -g\cos\mu_0 \\ M_V + M_{TV} & M_\alpha & M_q & 0 \\ 0 & 0 & 1 & 0 \end{bmatrix}$$

选取横侧向运动方程的状态量为 $X = [\Delta\beta \quad \Delta p \quad \Delta r \quad \Delta\phi]^T$，输入为 $U = [\delta_a \quad \delta_r]^T$，得到无人机横侧向运动的状态为：

$$E\dot{X} = AX + BU \tag{4-12}$$

其中

$$E = \begin{bmatrix} V_0 & 0 & 0 & 0 \\ 0 & 1 & 0 & 0 \\ 0 & 0 & 1 & 0 \\ 0 & 0 & 0 & 1 \end{bmatrix}, \quad B = \begin{bmatrix} Y_{\delta_a} & Y_{\delta_r} \\ L^*_{\delta_a} & L^*_{\delta_r} \\ N^*_{\delta_a} & N^*_{\delta_r} \\ 0 & 0 \end{bmatrix},$$

$$A = \begin{bmatrix} Y_\beta & Y_p & Y_r - V & g\cos\mu_0 \\ L^*_\beta & L^*_p & L^*_r & 0 \\ N^*_\beta & N^*_\beta & N^*_r & 0 \\ 0 & \dfrac{\cos\mu_0}{\cos\theta_0} & \dfrac{\sin\mu_0}{\cos\theta_0} & 0 \end{bmatrix}$$

二、基本飞行控制律设计

1. 飞行控制通道的划分

无人机飞行控制系统是一个多通道控制系统，即多输入多输出的控制系统。对于常规无人机来说，其飞行控制系统是利用升降舵、副翼、方向舵及油门来完成对飞机运动的控制。控制的目的就是使无人机的姿态和航迹满足期望的要求。按照负反馈控制原理，控制系统需要通过传感器实时感知无人机的姿态和航迹参数，根据这些参数和控制任务的要求，按照一定的飞行控制律生成控制指令信号，再经过放大和调整，通过舵机，驱动升降舵、副翼、方向舵及油门进行相应的偏转。分别用 $\delta_e,\delta_a,\delta_r,\delta_T$ 表示升降舵、副翼、方向舵及油门的偏转角,则无人机飞行控制系统的输入输出关系如图 4-37 所示。

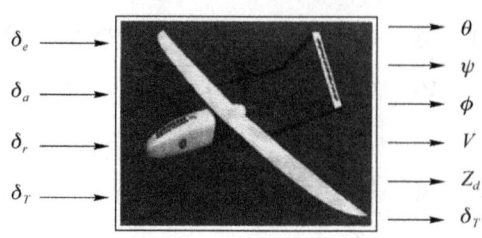

图 4-37 无人机的输入输出关系

无人机飞行运动建模的结论已经说明,对于传统布局的无人机来说,其纵向运动和横侧向运动是可以解耦的。因此,对于无人机控制律的设计,可以分别针对纵向运动和横侧向运动独立设计相应的控制律,这样就可以使控制律的设计难度大大降低。

无人机的纵向运动是通过操纵升降舵和油门来实现的。在纵向控制通道中有俯仰角反馈和俯仰角速率反馈,这两项构成了纵向通道的核心控制回路——内回路。另外还有高度差反馈,只有在无人机做定高飞行时才需要接入,以稳定无人机的飞行高度。

无人机的横侧向运动指无人机的滚转和偏航运动,是通过控制副翼和方向舵来实现的。方向舵回路相对比较简单,主要用来增加荷兰滚阻尼。副翼回路则相对复杂,它以滚转角控制为内回路,侧偏距控制为外回路,侧偏控制主要通过滚转角控制实现。利用副翼的偏转调节滚转角度,进而控制侧偏距。

2. 纵向通道控制律的设计

无人机的纵向运动包括了前后平移、上下升降和俯仰,所以,纵向通道的控制即是对无人机的俯仰角、速度和高度等状态的控制。

1) 俯仰角的稳定与控制

典型的俯仰角控制律为

$$\Delta\delta_e = K_e^q \Delta q + K_e^\theta (\theta - \theta_c) \tag{4-13}$$

该控制律的特点是升降舵偏转角 $\Delta\delta_e$ 与控制量的变化成正比,称为比例控制,其中 $\Delta\theta_c = \theta - \theta_c$ 为俯仰角指令的变化量,图 4-38 说明了无人机俯仰控制通道结构的原理。当无人机保持当前迎角飞行时,无人机按照配平时的基准迎角飞行。若要改变飞行迎角,则要根据配平时的初始俯仰角和升降舵偏角的初值来解算 $\Delta\theta_c$。引入角速率信号可以增加纵向运动的阻尼力矩,且阻尼力矩的增加与 K_e^q 成正比。对于该项控制律来说,控制律设计的主要任务是合理地选择 K_e^q 和 K_e^θ,使无人机具有良好的动态和稳态性能。参数的设计一般遵循由内向外的原则,即先设计俯仰角速率回路,根据阻尼特性确定,再以此为基础设计姿态角稳定回路,确定参数,以保证俯仰角速率响应的快速性。

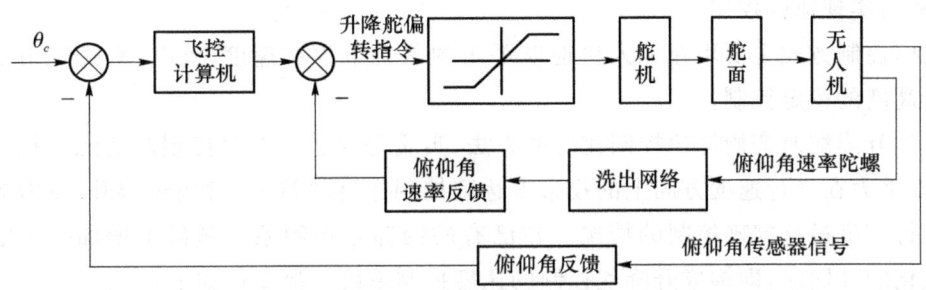

图 4-38 无人机俯仰控制通道结构原理图

2) 高度的稳定与控制

对于高度的控制,通常采用式(4-14)的比例积分控制,无人机高度控制律结构如图 4-39 所示。俯仰角控制为高度控制的内回路,为其提供足够的阻尼。若无人机的飞行高度低于预定高度,即 $h-h_c<0$,则该项控制会产生负的升降舵偏转指令,使舵面上偏,无人机爬升,到达期望的高度。高度控制回路的原理结构如图 4-40 所示。

$$\Delta\delta_e = K_e^q \Delta q + K_e^\theta(\theta-\theta_c) + K_e^h(h-h_c) + K_e^{Ih}\int(h-h_c)\mathrm{d}t \tag{4-14}$$

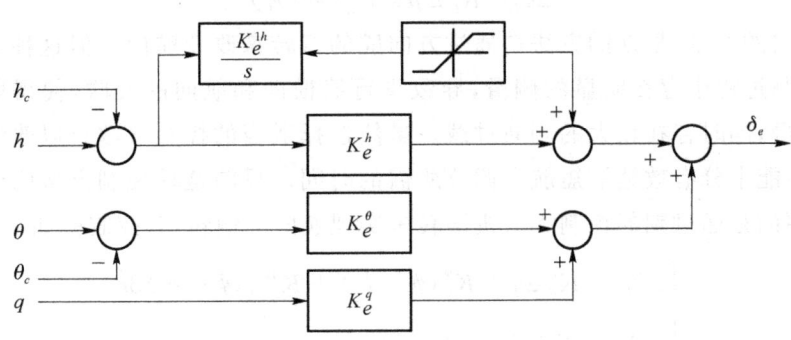

图 4-39 无人机高度控制律结构图

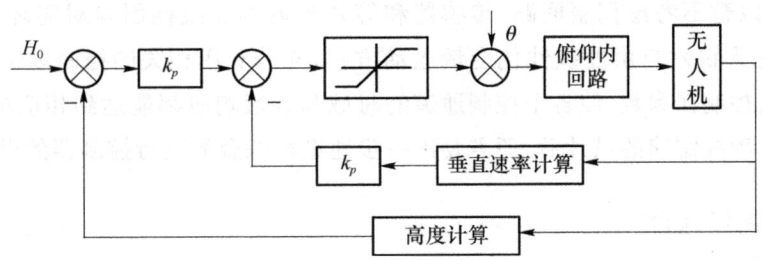

图 4-40 高度控制回路的原理结构图

3) 飞行速度的稳定与控制

对于飞行速度的控制,通常有两种方案:一是自动油门控制,通过自动油门系统控制油门的大小,改变发动机推力从而实现控制速度的目的;二是通过升降舵偏转来改变俯仰角,从而实现速度控制。

油门控制方式主要用在无人机巡航平飞的状态下控制速度,此时,升降舵负责无人机飞行高度的稳定控制。

通过升降舵改变俯仰角控制速度的方法,实质是通过俯仰角控制改变无人机的轨迹角,调整重力在飞行速度方向上的投影来达到控制速度的目的,常用于爬升、下滑等不要求对飞行高度进行精确控制的情况。在已有的俯仰角控制系统基础上增加一个能感受速度变化的外回路,即构成升降舵控制的速度控制系统。控制律如下:

$$\Delta \delta_e = K_e^q \Delta q + K_e^\theta (\theta - \theta_c) + K_e^{\dot{V}} \Delta \dot{V} + K_e^V (V - V_c) \tag{4-15}$$

其中,$K_e^{\dot{V}}$ 为升降舵的加速度传动比,K_e^V 为升降舵的速度传动比,引入加速度信号是为了增加速度控制系统的阻尼。

3. 横侧向通道控制律的设计

无人机的横侧向运动包括了左右侧移、横滚和偏航,所以,横侧向通道的控制即是对无人机的滚转角、偏航角和侧移运动进行控制。

对于滚转角的稳定与控制,通常采用副翼实施控制,基本的控制律为

$$\Delta \delta_a = K_a^p \Delta p + K_a^\phi (\phi - \phi_c) \tag{4-16}$$

对于航向的控制,早期的方法是通过方向舵的偏转来改变航向。但这种方法在航向的稳定与控制过程中存在明显的侧滑,导致飞行器横向和航向的交联,使得航向角过渡过程比较缓慢,同时存在较大的侧向过载。虽然选择适当的控制参数可以改善航向调节的性能,但不能十分有效地缩短航向调节所需的时间。目前这种控制方法已经不再普遍使用,更常用的是通过副翼控制无人机滚转来实现航向的偏转,其控制律如下:

$$\begin{cases} \Delta \delta_a = K_a^q \Delta q + K_a^\phi (\phi - \phi_c) + K_a^{I\phi} \int (\phi - \phi_c) \mathrm{d}t \\ \Delta \phi_c = K_\phi^\varphi (\phi - \phi_c) \end{cases} \tag{4-17}$$

面向单项功能的基本飞行控制律的设计是无人机飞行控制律设计的初步阶段。在这一阶段,可以暂不考虑伺服回路、传感器和等效延迟等非线性因素对闭环系统的影响,主要是基于无人机六自由度线性化全量运动方程,充分利用相关的控制理论知识,设计控制器的结构与控制律参数,使各个控制通道的时域和频域响应都能达到相应的技术指标要求。在完成单项控制律的设计后,还需要进一步地进行综合的飞行控制器的设计与实验。

三、飞行控制律综合

根据上一节的分析,在设计无人机单项功能的飞行控制律时,可以按照纵向和横侧向通道分别进行设计。这些单项功能的控制律,仅是无人机飞行控制系统的基础功能,要真正实现飞行控制,还需要通过系统级飞行控制律将这些基础的控制律综合起来,构成无人机的飞行控制器,其原理结构如图 4-41 所示。

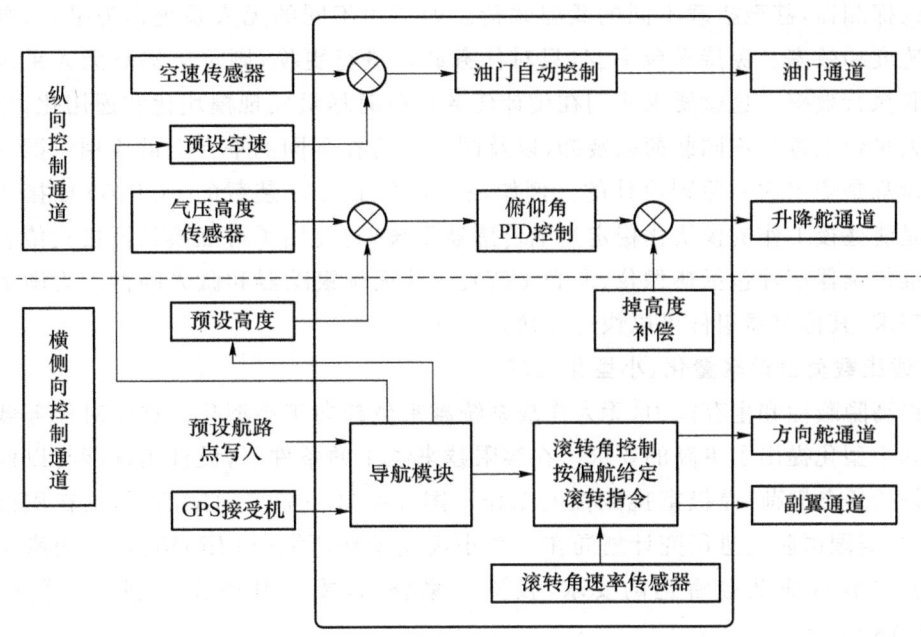

图 4-41 无人机飞行控制器的原理结构

在设计无人机系统级的控制律时,要考虑无人机在不同飞行阶段的控制要求。无人机的一般飞行阶段通常包括出航滑跑、拉高爬升、航线转弯、巡航平飞和返场着陆等阶段。在不同航段上应根据该航段的飞行特点设计不同的控制律组合。例如,在巡航平飞阶段对控制任务的要求是:①保持无人机在飞行过程中高度稳定;②控制无人机按预定轨迹飞行,若有偏离,能够进行自动矫正。所以要求纵向通道能控制无人机保持定高飞行,横侧向通道要保持飞行轨迹稳定,通过副翼控制滚转以修正侧向偏离。控制律组合为

$$\begin{cases} \delta_x = K_x^{\gamma}(\gamma-\gamma_g) + K_x^{\omega_x}\omega_x - K_x^{\psi}(\psi-\psi_g) + K_x^{z}(z-z_g) \\ \delta_y = K_y^{\psi}(\psi-\psi_g) + K_x^{\omega_\psi}\omega_\psi \\ \delta_z = K_z^{\theta}(\theta-\theta_g) + K_\omega^{\theta}\omega_z + K_H(H-H_g) \end{cases} \quad (4-18)$$

需要说明的是,实际使用的飞行控制律的设计过程是一个复杂的、需要不断迭代的过程。在完成无人机飞行运动建模和飞行控制器的设计后,就需要进一步检验所设计的飞行控制器能否满足无人机飞行控制的需要。

第六节　空中无人作战系统任务载荷

一、有效载荷的设计准则

1. 实现载荷设计的模块化与通用化

无人作战系统执行不同的任务,或者在不同的环境条件下执行任务时,有可能会用

到不同的探测器,甚至搭载不同的武器载荷。如果用不同的无人系统作为平台,则会影响执行速度和效率。保持平台不变,只对任务载荷进行更换,则可以提高无人系统的利用效率和执行效率。这就要求我们在设计任务载荷时尽量实现模块化和通用化,方便在同一无人平台上进行不同载荷的装卸,以及同一载荷在不同的平台上的应用。国外很多任务载荷都是依照这一原则设计的。例如,法国"影子"200装载的POP200插接式光电载荷便是能昼夜工作的模块化稳定光电传感器系统,它使用了可互换的插接式传感器部件。标准传感器部件包括热像仪、彩色CCD、自动视频跟踪器和激光瞄器。为满足不同的作战需求,其传感器组件可以快速更换。

2. 适应载荷设计轻量化、小型化要求

为提高隐蔽性和生存能力,无人作战系统越来越趋向于小型化。这便对任务载荷的轻量化和小型化提出了更高的要求。在容限越来越小的条件下,设计出性能与以前相当甚至更好的任务载荷,是极富挑战性的工作。国外在这一需求的推动下,正在积极的探索。例如,美国国防先进研究计划局在一个小规模革新研究(SBIR)项目中,为满足在微型无人机安装合成孔径雷达的要求,投资一家公司,委托其研制微型合成孔径雷达(MicroSAR)。

3. 为武器装备载荷设计更小、成本更低的新型观瞄系统

为提高精确打击能力和己方士兵的生存能力,降低附带毁伤,无人作战系统武器化的趋势日益明显,要求也日益强烈。现有有人系统中武器的光电/红外观瞄系统往往超出了大多数无人系统的单机载荷能力,而且由于受系统稳定性/传感器失调、气候等因素的影响,常常会导致武器命中精度的下降。因此,有必要为无人系统武器载荷开发性能可接受、体积更小、成本更低的观瞄系统。新的先进观瞄技术包括:先进多机电子支援措施;结合地形数据对合成孔径雷达图像进行图像测量;单机、多视角合成孔径雷达图像;多机、多视角合成孔径雷达图像等。

4. 降低成本重点应放在侦察/探测载荷上

在情报、监视和侦察无人系统中,传感器成本占总成本的比重越来越大。随着传感器的复杂程度越来越高,精密程度和专用化程度越来越高,采取必要措施控制其成本的增加并且合理设计未来的传感器(尽可能地实现通用化)就显得极为重要。美国"全球鹰"RQ-4 Block 10无人机中的传感器集成套件(ISS)占总体成本的33%以上,而RQ-4 Block 20如果再加上多传感器套件,传感器成本占无人机系统总成本的比例将升至54%。可见,着重降低侦察/探测载荷的成本,尽量使用商用器件并提高其通用性,对于降低无人作战系统的整体成本来说意义重大。

二、任务载荷的应用概况及发展趋势

1. 任务载荷的应用概况

本节以无人机为例,用表格形式(表4-1)说明不同用途无人机的载荷装备情况,并总结无人机的用途和任务载荷应用情况。

表 4-1 无人机的用途和任务载荷应用情况

分析项目	无人机类型	生产型	微型	战斗型
无人机用途	侦察/监视/目标截获	85%	100%	50%
	通信中继	23%	0	0
	电子情报	11%	0	0
	电子战	17%	0	0
	环境/气象观测	4%	0	0
	民用/科研	5%	0	13%
	其他	8%	0	0
有效载荷	光学照相机	15%	0	0
	红外行扫描仪	8%	0	0
	日光电视摄影机	79%	100%	0
	微光电视摄影机	8%	10%	13%
	红外摄像机/前视红外仪	72%	30%	13%
	激光测距/照射器	15%	0	0
	雷达	8%	0	0
	合成孔径雷达	16%	0	25%
	电子情报	13%	0	0
	电子战	21%	0	0
	其他	24%	10%	0
	不明	3%	10%	40%

2. 任务载荷的发展趋势

无人机任务载荷发展势头之强劲史无前例。基于新材料、新技术和新概念的任务载荷研究方向众多,这使得无人机任务载荷正朝着多功能、高性能和综合性的方向发展。随着微电子技术、通信技术、计算机技术和航空技术的进步,无人机任务载荷的技术发展将主要聚焦在以下几个方面。

1) 提高红外传感器性能

(1) 发展第四代前视红外系统

第四代前视红外技术(又称灵巧焦平面阵列技术)将采用碲镉汞传感器和先进的信号处理技术,可以覆盖整个可见光波段和近、中、远红外波段,赋予飞机约 100 km 的红外搜索跟踪能力。第四代前视红外系统准备用于"全球鹰"无人机的红外搜索与跟踪系统以及美国海军的 E-2C 预警机。

(2) 非制冷凝视焦平面阵列

红外探测器一般分为两类,即光探测器和热探测器。热探测器与光探测器不同,热探测器要达到良好性能的关键是敏感元件与相邻元件、基板之间最大限度地绝热。热探测器一般可以工作在室温下,不需要昂贵的深冷制冷器。因此,热电探测器也通常被称为非制冷红外探测器。非制冷红外探测器与凝视焦平面阵列结合在一起,更适用于无人机。分析表明,非制冷红外凝视焦平面阵列可能成为近距、低成本红外成像侦察设备的首选。它很适合战术无人机特别是微型无人机任务载荷的要求。

2) 提高电视摄像机分辨率

电视摄像机逐步取代光学照相机在无人侦察机上的广泛应用,并且正在进一步追求达到光学照相机的图像质量。与前视红外(特别是深冷扫描线列前视红外)相比,电视摄像机正在向体积小、质量轻的方向发展。微型无人机对任务载荷体积、质量的要求,促使任务载荷技术在微型化上将会有重大突破。

3) 增强多光谱和超光谱探测器的探测能力

多光谱探测技术可以探测不同的红外带宽、光谱甚至混合光和射频以及激光测距的频谱,将提供更多的信息并减轻信号处理负荷。未来的机载成像光谱仪可以在几十个甚几百个波段成像,而不是只进行双波段的探测。采用中、低光谱分辨率的超光谱成像系统并结合适当的探测算法,可进行大面积搜索。中、低分辨力超光谱成像器件具有超强的目标探测能力,能够迅速发现目标,而且获得的数据量大大少于普通光电成像器件,从而降低了数据处理负担。其不足之处是难以进行目标识别。因此,将其与普通光电成像器件的高分辨力目标识别能力相结合,可兼得两种系统的优点。

4) 任务载荷安装与使用更加灵活

无人机系统的结构日趋复杂,全寿命使用成本也在不断提高,使用者越来越希望无人机具有执行多种不同任务的能力。受无人机任务载荷搭载能力的限制,目前只有大型无人机具备执行多种任务的能力。如果各种设备使用公用的信号和图像数据处理设备,即侦测数据的处理、各模块的控制等任务由机载公用处理设备完成,就可以减轻探测器的质量。这种方法同时也存在着一些需要解决的问题,如降低了整个无人机系统的可靠性,提高了对设备接口、输出数据格式的要求,要求协调执行多种任务时的公共资源分配等。随着广泛应用模块化观念设计无人机搭载设备,现在的无人机已可以根据不同任务需要灵活地更换载荷设备。模块式任务载荷的概念正受到越来越多的关注,因为它可使无人机中的一个传感器或一些传感器改变到适合每一任务或一系列任务的需要。

5) 任务载荷综合化

未来信息化战争要求无人侦察机具有更高的信息获取能力,即要求无人侦察机扩大信息获取空间,延长信息获取时间,增加获取信息的种类,提高获取信息的有效性。对用以获取作战所需信息的有效载荷来讲,要能够在复杂的战争环境中全天候、全天时工作,就需要提高有效载荷的性能和功能综合化程度。无人侦察机信息获取载荷功能的综合化,是通过将多种在功能上互补的信息获取载荷进行合理配置,来扩大无人侦察机信息获取系统工作的空域、时域、频域,提高其获取信息的能力和所获信息的实时性与有效性来实现的。

6) 侦察系统数字化

无人侦察系统只有实现数字化,才能加强系统的功能性和有效性。数字化侦察图像具有以下优点。

(1) 图像效果增强。数字化对比度处理使图像清晰度更好。

(2) 可辨认和提取感兴趣的区域,将场景以多种视角和尺寸显示出来,数字工具能够测算感兴趣的目标。

(3) 采用数据压缩和错误校正编码,便于图像传输和还原。目前,红外热成像和激光测距机等技术已基本实现数字化。

7) 信息实时化

未来将侦察到的情报及时传送到指挥官手中,侦察系统必须配备先进的通信系统。机载通信系统一般采用空地无线电通信设备或卫星通信设备。超光谱成像和高分辨力成像器件等先进传感器的应用,要求通信链路不断拓宽频带和提高信息传输容量。建设高速数据链路是解决信息高速传输的基本手段。采用提高工作频率、提高频带利用率和合理使用频率资源等措施,可以提高通信系统传输高速数据的能力。采用适宜传输高速数据的数据压缩和编译码体系,选择适当的编码增益和码比率,是建立高费效比的高速数据传输系统的重要保证。

8) 机载通信情报侦察系统功能多元化

美国军方正在研究基于无人机机载通信情报侦察系统功能的多元化,通过采用机载通信截获和干扰移动电话的方法。因为商业移动电话使用扩频和跳频技术,所以截获和干扰并不容易。这使无人机将不得不飞得足够低,以截获这些低功率信号。

思 考 题

1. 固定翼飞机的增升装置有哪些?
2. 直升机的铰链主要有哪几种?每种铰链的特点是什么?
3. 旋翼飞机飞行特性有哪些?
4. 请简要说明无人机空地信息闭环的组成和功能。
5. 无人机系统的空地闭环控制在功能分配有哪些情况?又面临哪些挑战?
6. 典型的飞行控制回路是由哪些部分组成的?

第五章 作战运用

美国机器人战争专家彼得·辛格指出,以无人机为代表的机器战争将改变五千年来的战争形态,是一场"堪比坦克发明"的军事革命。英国著名物理学家霍金称:继火药与核武器的发明之后,可以独立确定和袭击目标且不需人类进行任何干预的武器系统的开发,将会带来"第三次战争革命"。一些国内外专家也深信,无人化作战武器将在未来战争中占据主导地位,成为"现代战争规则的改变者";未来的战争形态正在向无人和自动化武器发挥中心作用的机器人时代转变。当前,以无人机为代表的无人系统已渗透到战场空间的各个领域,从根本上改变了人类参与战争的方式,对未来战争产生了广泛而深刻的影响。

第一节 典型无人系统作战运用

一、作战运用案例

俄罗斯媒体 2015 年报道,据守在叙利亚拉塔基亚省 754.5 高地的伊斯兰极端势力武装分子,依托复杂地形构筑了大量地堡、暗堡,设置了由机枪、火箭筒、火焰喷射器构成的严密火网,叙军多次攻击未果,直到俄军直接参战才改变了战局。

2015 年 12 月,俄军投入 6 台"平台-M"履带式地面无人作战系统、4 台"暗语"(音译"阿尔戈")轮式地面无人作战系统、1 个"洋槐"自行火炮群、数架无人侦察机和 1 套"仙女座-D"指控系统直接参与 754.5 高地战斗。各地面无人作战系统、无人侦察机、自行火炮均与前线指控中心——"仙女座-D"指控系统连接,并通过该系统直接接受莫斯科国家防务指挥中心的指挥。

战斗伊始,俄军无人侦察机首先升空俯瞰战场,实时获取敌情动态;在无人机情报支持下,俄军士兵在 1 000 m 外遥控"平台-M"履带式、"暗语"轮式地面无人作战系统,分多路抵近并攻击极端势力武装分子据点;部署在后方的"洋槐"自行火炮群,根据无人侦察机和地面无人作战系统传回的画面进行精确定点炮击;叙利亚政府军步兵在地面无人作战系统后 150~200 m 距离上跟进,对暴露之敌实时清缴式打击。战斗仅持续了 20 min,极端势力武装分子毫无还手之力、溃散而逃,约 70 人被击毙,叙利亚政府军仅 4 名士兵受伤。

此次战斗是世界上第一场以地面无人作战系统为主的攻坚作战,俄军在此次战役中投入使用的空中无人机与地面无人系统均为遥控型装备,在合理的通信距离内,操控指令和侦察视频的传输均得到可靠保障,作战人员置身危险之外同时保证了作战行动的准确实施,整个战斗过程充分展现出了"遥控战斗远程指挥、有人无人混合编组、地空一体协同运用、无人平台抵近侦打、有人系统隐蔽支援、侦打引评闭环联动"的地面无人化作战特征。

二、主要参战装备的战技指标和用途

1. "平台-M"履带式战斗机器人

"平台-M"履带式多用途地面机器人由俄罗斯进步科学技术研究所研制,该机器人配备履带式防护底盘、光电和雷达侦察系统,装有机枪和榴弹发射器,通过遥控数据链接入作战体系,由作战人员遥控操作,可用于执行侦察监视、火力支援、巡逻警戒等任务。在此之前,该机器人于 2014 年 6 月参加了俄罗斯波罗的海舰队的军事演习。

1) 系统组成及作战使用方式

"平台-M"履带式战斗机器人(图 5-1)采用履带式行走机构,拥有 6 个小直径负重轮、橡胶履带、独立悬挂装置,适应性强,可以在沙地、雪地、草地和泥地、碎石等复杂地面工作,爬坡度 25°,越障高 21 cm。车身安装有大容量锂电池模块可以持续工作 4 h。"平台-M"履带式战斗机器人配装的 7.62 mm 机枪能够在 100~250 m 距离上穿透轻型结构和简易掩体,歼灭 1 000 m 内有生力量,还可对 500 m 内低空目标实施有效打击,可用于城区和丛林环境。RPG-26 反坦克火箭筒,主要用于摧毁轻型坦克、自行火炮、步兵战车、装甲输送车以及野战工事等。

图 5-1 "平台-M"履带式战斗机器人

"平台-M"履带式战斗机器人自重800 kg,质量较轻,配备轻武器和简易瞄准具,作战使用时可由卡车或其他载重平台运至集结地域,再由操作员操作开至战斗前沿阵地投入战斗。主要用于抵近侦察、吸引火力、摧毁简易掩体或轻型装甲目标,消灭有生力量,为远程火力指示目标。其自身防御较弱,只能抵御轻武器弹药攻击,防御薄弱部位为行动部分和观瞄设备。

2) 动力性能

网上资料显示,该车配备有大容量电池,报道显示该车的质量仅为800 kg,但能持续工作4 h,因此电池质量应该占据很大比例,在这种情况下,800 kg还包括发电机或者发动机的可能性很小,综合分析,"平台-M"战斗机器人应该是纯电驱动。

全电工作方式很大的问题是续航里程较短,因此只能在执行关键作战任务时使用电能,而在平台转运过程中,主要还要依靠其他车辆运输(图5-2)。从图中可以看出,俄军运输这款平台采用的是普通厢式小货车。目前体积最小的厢式货车载重有1.5 t和2 t之分,这种厢式货车的货柜尺寸都是4.2 m×1.8 m。考虑"平台M"战斗机器人自重0.8 t,所以1台普通的小型厢式货车就可以运输2台"平台M"战斗机器人,这显然这对节约运输成本是有利的。此外,估计"平台M"战斗机器人的爬坡能力指标提出的时候也考虑到了自行爬上厢式货车的需求。

图5-2 厢式货柜车运输"平台-M"履带式战斗机器人

3) 火力性能

(1) 7.62 mm机枪

具体型号未知,以俄罗斯Pecheneg-N 7.62 mm机枪为例,其表尺射程为1 500 m,有效射程1 000 m。配用7.62 mm全威力步枪子弹后,有效射程更远、穿透能力更强,配用7N13淬火钢芯弹在250 m距离上有90%的概率击穿10 mm厚Grade-2P钢板,7N1狙击弹在200 m距离上可以击穿10 mm厚的Grade3钢板。

（2）RPG-26 反坦克火箭筒

直射距离 200 m,有效射程 250 m,破甲厚度 250 mm/60°,垂直破甲厚度 500 mm。

（3）武器控制形式

根据车体尺寸、图片比例及武器配置分析,此战斗机器人武器平台无稳像控制功能,为简易电传动控制方式。

（4）光电瞄准具

枪左侧配置一具同轴光电瞄准具,由图推断此瞄准具为白光 CCD 或低照度 CCD 瞄准镜,无激光测距功能,成本较低,视距较近（与打击距离匹配）。

4）遥控方式

"平台-M"的遥控器主要由一台军用笔记本式计算机和一个改装过的 X-Box 游戏机手柄组合而成,如图 5-3 所示。从图中可以看出,"平台-M"的遥控属于动作级遥控,即严格按照士兵的遥控器进行前进、转向等动作级响应。因此一个"平台-M"应该至少配一个操作手。

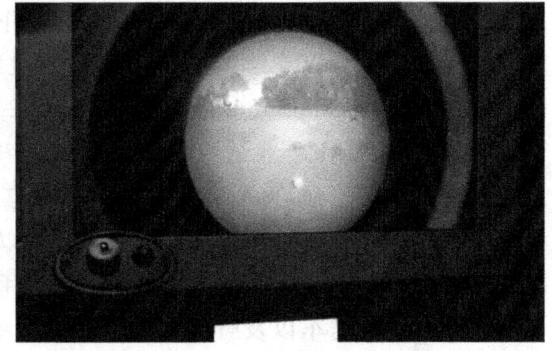

图 5-3 "平台-M"的遥控设备

作为单兵遥控设备,其遥控距离显然是有限的。不同来源的资料显示该车的遥控距离各有不同。一种说法是遥控距离为 16 km,一种说法是 1.5 km。这两种说法可能都有道理。16 km 应该是遥控设备的标称指标,即通视条件下的遥控距离,1.5 km 则是实际操作时人员与平台之间的操作距离。然而,网上有部分报道关于车辆是直接由莫斯科指挥中心实现遥控的说法是不可信的。最可能的遥控策略是：莫斯科指挥中心利用无人机回传的战场全局画面为前线的实车遥控人员下达战术任务,前线的实车遥控员再遥控该车向指定地点移动并执行侦察、引导、打击等作战任务。

2. "阿尔戈"轮式战斗机器人

"阿尔戈"（Argo）轮式战斗机器人（图 5-4）由俄罗斯科学院机器人与控制技术研究所研制,该机器人底盘为加拿大阿尔戈公司的 8×8 底盘,正面装有整体式防护装甲,上装配备光电和雷达侦察系统,装有机枪、榴弹发射器和反坦克火箭筒,通过遥控数据链接入作战体系,由作战人员遥控操作,可用于执行登陆作战、巡逻警戒等任务。在此之前,该车于2013年底在俄罗斯勒热夫试验靶场进行了演示试验。

图 5-4 "阿尔戈"轮式战斗机器人

1) 系统组成及作战使用方式

"阿尔戈"轮式战斗机器人采用 8×8 全地形车底盘,战斗全重 1 t,长 3.4 m,宽 1.85 m,高 1.65 m,最高速度 20 km/h,并具有水上浮渡能力,水上航速 4.6 km/h。采用柴油发动机,可以连续工作 20 h。可通过载重卡车、铁路、飞机、舰艇等形式运输。武器系统包括一挺 7.62 mm 机枪、3 具 RPG-26 反坦克火箭筒和 2 套 RShG-2 榴弹发射器。

较之"平台-M"履带式机器人,"阿尔戈"轮式战斗机器人车体尺寸更大,武器配置更丰富,防护能力更强,可适应地形的范围更广,作战持续时间更长,其作战能力也更强,可适应更高烈度的冲突或战斗。"阿尔戈"可以使用机枪和榴弹发射器歼灭单个或集群的敌有生力量,攻击轻型结构或掩体,还可使用反坦克火箭筒摧毁轻型坦克、自行火炮、步兵战车、装甲输送车以及野战工事等。其可单独使用或集群使用于丛林或城市环境等武装冲突,降低己方战斗人员伤亡。

2) 火力性能

(1) 7.62 mm 机枪

具体型号未知,以俄罗斯 Pecheneg-N 7.62 mm 机枪为例,其表尺射程为 1 500 m,有效射程 1 000 m。配用 7.62 mm 全威力步枪子弹后,有效射程更远、穿透能力更强,配用 7N13 淬火钢芯弹在 250 m 距离上有 90% 的概率击穿 10 mm 厚 Grade-2P 钢板,7N1 狙击弹在 200 m 距离上可以击穿 10 mm 厚的 Grade3 钢板。

(2) RPG-26 反坦克火箭筒

直射距离 200 m,有效射程 250 m,破甲厚度 250 mm/60°,垂直破甲厚度 500 mm。

(3) RShG-2 榴弹发射器

暂无相关的详细数据,以俄罗斯 AGS-30 自动榴弹发射器为例,其射程为 1 700 m。发射钢弹壳榴弹时,有效杀伤半径为 7～9 m。

(4) 武器控制形式

根据车体尺寸、图片比例及武器配置分析,此战斗机器人武器平台无稳像控制功能,为简易电传动控制方式。

（5）光电瞄准具

枪右侧配置一具同轴光电瞄准具，由图推断此瞄准具含白光 CCD 观瞄通道、非制冷红外观瞄通道以及激光测距通道，无激光测距功能，成本较低，视距较近（与打击距离匹配）。

3. 无人侦察机

图 5-5 为俄罗斯参战的侦察无人机，此款无人侦察机型号不详，尺寸小，质量轻，任务载荷较轻，一般具有视频侦察、通信中继等简单功能。

图 5-5 俄罗斯参战的侦察无人机

4. "仙女座-D"自动化指挥系统

在整个战斗过程中，真正值得关注的其实应该是此次指挥机器人作战的中枢神经——"仙女座-D"自动化指挥系统。这套自动化指挥系统是一套包含移动笔记本式计算机的轻型指挥系统。之所以被称为"轻型指挥系统"，是因为这套指挥系统不同于以往那些由大型通信车、指挥车、油机车等多种车辆组成的复杂庞大的自动化指挥系统。这套指挥系统以个人笔记本式计算机为工作单元，可以安装在临时架设的指挥所里，其通信系统除了直接指挥战斗机器人作战外，还能够向远在 5 000 km 外的莫斯科国防指挥中心传送战斗信息。

"仙女座"的含义是每台计算机就意味着星座中的一颗星，整个星座象征着整个计算机网络。"仙女座-D"尽量采用模块化设计，便于其与各级指挥所实现连接，不仅能用于战术层面，还能用于战役层面。"仙女座-D"的最大优势是采用了网络化原理构建，没有明显的层级结构，旅长可以直接向连长下达作战命令，不必通过营一级的接转。

无人作战系统作为改变未来战争规则的颠覆性技术装备，已经成为军事博弈的重要力量。近年来，俄罗斯地面作战系统建设呈现出井喷式发展态势，自 2015 年红场阅兵推

图 5-6 部署在俄军帐篷中的"仙女座-D"自动化指挥系统

出"同盟-CB"式自行火炮、"库尔干人-25"式步战车和 T-14"阿玛塔"主战坦克等一系列新一代地面作战系统后,其不断亮相的地面无人作战系统更是令人叹为观止。俄罗斯在无人作战系统研发领域的异军突起和实战运用方面的优异表现,值得我们关注、研究和借鉴学习。

三、首次无人化作战的主要运用分析

根据敌情,常规战法不奏效的主要原因是:敌居高临下,强攻伤亡大;地形狭窄陡峭,大型装备无法到达;敌暗我明,堡垒坚固无目的远程火力打击效果差;敌方地下暗堡交错纵横,补给充足;敌据点为无植被高地,敌居高临下,通视条件好,即使是夜间,特战人员接近时也易被发现。

俄军此役作战实践表明,地面无人系统与特种突袭相结合,已成为反恐、据点清剿、实施攻坚行动的有效战法。特种作战具有目的特殊、计划周密、方式独特、手段多样、隐蔽突然、速战速决等特点。俄军此役整建制使用地面无人系统集群连进行攻坚战,便是一种全新的山地据点清剿特种作战行动,其战法如下。

1. 先期侦察,链路畅通

先期通过空中侦察,以及相关情报,获取敌情信息;通过反辐射灵巧弹药摧毁敌方电子干扰设备、无人机建立空中中继,确保链路畅通。

2. 多路进攻,诱敌暴露

将 4 部"暗语"轮式机器人,6 部"平台-M"履带式机器人,采用具备装甲防护的"暗语"在前、"平台-M"在后的 2-3 队形,分两路同时进攻,诱敌暴露。

3. 抵近侦察,速战速决

"暗语""平台-M"都具备察打一体能力,当对应无人平台的操作人员发现车载武器可

摧毁的目标时,可自行决定是否射击,无需上报指挥中心,掌握最佳时机,实现速战速决。

4. 呼唤火力,精确打击

在推进过程中,对坚固堡垒或重点目标,可进行目标照射,引导远程火力,实施精确打击。

5. 渐进收拢,清理战果

叙利亚政府军根据战斗进程,逐渐收拢包围圈,防敌逃窜,根据侦察情况,适时进入核心地域清理战果。

四、无人化装备首次参战的运用特点

1. 无人化装备主要遂行侦察、监视与引导任务

俄军此次地面无人系统集群作战中,地面无人系统担负了重要的情报、侦察与监视任务,实现了战场态势共享。此外,据统计,美国军方约80%的现役地面无人系统为无人侦察、巡逻车(机器人),尤其是特种作战,掩体及建筑内情报80%以上来源于地面无人系统侦察。

2. 侦打一体是地面无人化装备的主要运用形式

俄军此次地面无人系统集群作战中,两类十台地面无人系统都携带有机枪、榴弹发射器等,在侦察或遭遇敌情时,可迅速实施火力打击。

3. 协同编组运用是无人化装备效能发挥的关键

俄军此役作战实践表明,地面无人系统与特种突袭相结合,已成为反恐、据点清剿、实施攻坚行动的有效战法。俄军此役将4台"阿尔戈"轮式机器人,6台"平台-M"履带式机器人进行编组,整合其操控平台,集中于一套"仙女座-D"指控系统,充分发挥不同装备的优势,提高了作战效率。同时,俄军此役还将空中无人机与地面无人系统有机结合,空中无人机为地面无人系统提供高空全局性情报,又作为中继保证地面无人系统与指挥所的链路畅通。

第二节 陆上无人作战系统运用模式

随着无人装备的快速发展,以无人作战系统为主要载体的军事智能化技术正快速地改变着未来战场。无人作战系统的作战制胜机理决定了其必将打破传统作战系统的组织运用模式,在作战部署、任务规划、指挥控制与协同和综合保障等方面有较大革新。

一、无人作战系统部署方式

作战部署包括作战力量区分、作战单元编组和作战系统配置三个方面。无人作战系统丰富了上述三个方面的实施样式,突出灵活多变、临机集成和广泛适应的特性。

1. 灵活科学区分无人作战系统

无人作战系统的特殊性决定了它不应直接沿用传统作战力量的区分方法,而应根据无人作战系统的技术特点和作战功能,确定适应战场需要的无人作战系统区分方案。第一,应根据作战任务类型区分合适的无人作战系统。通常可区分为指控保障、战场感知、火力打击、突击突防等任务类型。第二,应根据效费比规划无人作战系统规模。无人作战系统成本较高,不应机械地套用传统作战力量"饱和攻击"或"集中局部优势兵力"等规模区分原则,而应充分测算成本消耗与行动效益的比例关系,如运用无人武器"蜂群"时,也要有限控制"蜂群"规模,避免浪费。第三,应根据作战能力确定无人作战系统区分层级,将无人作战系统与其使用人员一并考量。无人作战系统随着技术的发展,所需操控人员越来越少,但整体作战能力逐步提高,因此应将系统定位为具有同等作战能力的传统作战力量分队层级,而不应仅考虑所需人员编制少就将其定位为较低的班组层级。

2. 高效集成有人/无人作战系统

无论主战类还是支援类无人作战系统,其核心功能是替代人员完成极特殊的作战行动,包括在人员无法进入的环境中行动、以人员无法达到的速度和精度反应、减少人员暴露和伤亡概率等,归根结底是对传统作战力量的重要补充和辅助。在可预见的未来,无人作战系统在理解作战意图从而准确遂行作战行动方面尚不能达到人的水平,且无人作战系统的自主程度越高,"失控"(机械地执行程序而违背作战意图)的可能性越大。因此,无人作战系统必须与以人为主的传统作战力量高效集成,基于具体功能构建针对性更强的作战单元,互相取长补短,对于主战类系统可以确保其有效受控,对于支援类系统可以大幅缩短信息交互链路,使整体作战编组发挥更大效能。在有人/无人集成作战单元中,人员将以人在回路的方式承担对无人作战系统的"关键行为干预操控""故障失效及时保护"和"行动结果道德评判"的任务。同时还应当注意,有人/无人作战系统集成强调它们均能在新的作战单元中发挥各自原有作用,而非简单的无人武器装备和人员的集合。对于独立遂行任务的无人作战系统,尽管也包含了无人武器装备和操控人员,但这些人员属于系统的组成部分,不可拆分,因此不能定义为有人/无人集成作战单元。

3. 全域机动配置无人作战系统

传统作战系统配置方案通常要受制于地理条件、天候限制、防护弱点等因素,同时突出强调作战系统各组成模块须处于指挥控制能力覆盖范围内,通常以通信保障范围作为主要衡量标准。无人作战系统的环境适应、战场机动和隐蔽防护能力明显强于人员,在通信等相关技术成熟的条件下,完全可以实现全域机动配置,即将有人/无人集成作战单元的"有人"部分按传统模式配置,而通过远程通信手段操控无人作战系统配置到所有需要的位置上,并在配置位置之间根据任务变化和遭敌打击情况快速机动变换。例如,将环境适应性强的无人传感器尽可能靠近敌方配置,而无须考虑坡度、水系等因素制约,同时确保火力模块能够在传感器遭近距离直接破坏时提供有效保护,掩护其受控转移。一旦遭到毁伤,也可以通过自主切断通信而避免暴露后台"有人"部分的位置。

二、无人作战系统任务规划

无人作战系统的基本任务不能超越所属作战样式的战役企图和战术目的,在详细任务规划上应依据各类无人作战系统的技术特性赋予其多样化的任务,具体应突出替代作战人员、小规模高密度突击、快速精确反应与计算和程序化辅助决策控制四个方面的任务。

1. 替代作战人员任务

无人作战系统最大的战术优势就是替代作战人员在恶劣、复杂、高危环境中行动,从而节约人力、减少伤亡。因此,无论对于独立的无人作战单元,还是有人/无人集成作战单元中的无人作战系统,都应首先考虑赋予其替代作战人员的具体任务,包含但不限于抵近或敌后侦察监视、感知不明确风险的战场区域、第一波次进攻或防御、沿安全路线实施战术运输等。在替代作战人员的任务中,无人作战系统通常需要远离人员行动,自主程度需要提高,因此须对无人作战系统明确机动、打击、防护的详细判别标准,防止其出现"失控"或"过度行动",例如,机动时偏离路线而无法修正、打击时忽略主要目标、防护时过度还击而没有及时撤离等。

2. 小规模高密度突击任务

无人作战系统的物理体积可以根据需要最大程度缩小,进而可以提高编组密度,即在作战单元编组具有更多无人武器装备数量前提下,还能保持较小的整体规模。典型案例就是无人武器"蜂群",当前诸多战例证明,在达到等效毁伤程度的情况下,通过技术手段缩短单体间距,无人机"蜂群"整体规模远小于有人驾驶飞机的编队规模,从而能够更加灵活地规避雷达等侦察手段,达到突击效果。无人作战系统的快速组织特性也决定了这种小规模高密度编组可以是灵活的,在完成单点突击任务后可快速解散以避免遭反击或迅速重组赋予新的战术目标,进而大幅度节省实际投入的无人武器装备数量。

3. 快速精确反应与计算任务

无人作战系统基于计算机控制其反应与计算过程,在速度和精度方面相对于人员有明显优势,应赋予其代替人员完成对时效性和精确度都要求极高的反应和计算任务。例如,美国军方 C-RAM 反火箭和炮弹系统,可以自主快速捕捉、解算和跟踪来袭弹药,并精确计算拦截方案,人员只需决定是否拦截即可。同时,也应赋予无人作战系统对海量数据的响应和分析任务,如软件类的无人情报分析系统,可以基于海量原始信息自主完成情报搜集、目标判别和跟踪监视控制任务。执行快速精确反应与计算任务的无人作战系统既可以是装备类系统,也可以是软件类系统,应以软件类系统居多。

4. 程序化辅助决策控制任务

随着技术的发展,无人作战系统的自主性将不断提高,当技术成熟到接近类人脑的思考机制时,无人作战系统就可以进入传统的人员思考活动领域,承担筹划决策和协调控制的任务。但是无人作战系统"思考"过程的初始仍然是基于既定规则的结构化运算,只有通过反复持续的机器学习过程才能逐步达到非结构化、边缘化运算乃至类人脑运算。因此应赋予具备筹划决策和协调控制功能的无人作战系统程序化的辅助决策控制的任务。这里的"程序化"特指按照作战行动既定流程执行，不主动考虑各种临机情况。此类任务的具体过程是：无人作战系统在每个特定的作战行动环节采集和分析特定数据，形成下一步行动建议推送给指挥人员和战斗人员供参考，并通过收集建议被采纳情况而进入"学习"过程，不断丰富自己的"知识库"，提高未来辅助决策控制的有效性。承担此任务的无人作战系统应以软件类和支援类为主。

三、无人作战系统指控协同

无人作战系统的特点决定其组织运用过程必将变革传统的指挥决策、行动控制和协同方式，应充分发挥无人作战系统的自主行动能力、数据交互能力、信息驱动能力和类人脑运算能力，有机融合传统指挥控制方式和创新性指挥控制方式。

1. 基于行动任务实行逐级指挥与越级指挥相结合，不同的行动任务决定了指挥机构对各作战单元编成内的无人作战系统关注程度和掌控程度不同

在常规任务下应按传统的逐级方式实施指挥，无人作战系统直接受所属作战单元指挥系统的指挥。无人作战系统数据交互能力较强，突出体现在高效的通信组网上，因此，在特殊任务下或必要时，更高级别指挥机构可越级指挥无人作战系统，即临时与某套系统建立直接通联链路和指挥关系，直接掌握并使用其执行特定任务。完成任务后，迅速"拆除"越级指挥链路恢复常规逐级指挥状态。例如，高级指挥机构越级指挥原隶属于某飞行群队的察打一体无人机系统攻击敌某一个战役乃至战略核心目标。

2. 基于系统类型实行过程控制与任务控制相结合，不同的自主行动能力决定了无人系统接受控制的程度

对于半自主系统，指挥人员必须进行全过程实时控制，使无人作战系统完成结构化和流程化动作。并且，无人作战系统每个环节是否执行以及动作要求，均需由指挥人员进行决策并下达控制命令，系统不可自动执行。例如，具备火力打击功能的主战类系统，如不实行全过程实时控制，则有系统"失控"或偏离战术目标的可能性。对于自主系统，则应充分发挥其自主能力实行任务式控制，即赋予其基本战术目标和行动要求，由系统自主规划行动方案并执行。例如沿安全路线进行战术运输的支援系统，一次性向其下达运输目的地和基本路径规划要求后，实时获取其行动位置和状态即可，由系统自主规划路线和处置自然环境的机动阻碍。

3. 基于技术能力实行区块链协同与区域协同相结合

无人作战系统的数据交互能力和信息处理能力决定其较人员具备更高效的协同潜力，从而应实施更加高效的"区块链"式或"区域"式协同控制。在按任务协同过程中，基于区块链技术赋予所有参与行动的无人作战系统共同的任务简报副本，要求系统根据共同目标和态势、友邻系统状态等实现自组网和同步链接，并结合多方面行动规则自主提出行动方案，在所有参与行动系统中交互并达成共识后，同步、高效地安排和执行作战任务。在按区域协同过程中，赋予所有参与行动的无人作战系统独立的空间占用权限，即针对单一系统须在指定空间内行动或打击指定空间内的目标,系统行动过程中通过高速自主判断确保其不超越行动范围。

无人作战对战争的影响是全面的、广泛的,它不仅会对作战观念、对抗形态、战术战法和战争伦理,还会对战争指导、作战指挥、军事理论、人才建设和武器装备发展、政治工作等产生重大而深远的影响。机之未至,不可以先;机之已至,不可以后。无人作战或者说更高层次的无人化战争的端倪已经显露,谁准备充分、掌握先机,谁就将赢得未来战争。

思 考 题

1. 首次无人化作战的主要战法包括那些?
2. 未来无人化作战在战争伦理规范方面存在哪些可能的问题?

参考文献

[1] 赵汗青,王江峰,陈伟.地面机动靶标群项目研制总结[M].北京:陆军装甲兵学院,2019.

[2] 赵先刚.无人作战研究[M].北京:国防大学出版社,2021.

[3] 庞宏亮.21世纪战争演变与构想:智能化战争[M].上海:上海社会科学院出版社,2018.

[4] 张锦涛,丁晓松.外军无人系统建设规划概览[M].南京:南京大学出版社,2015.

[5] 李杰,李兵,毛瑞芝,等.无人系统设计与集成[M].北京:国防工业出版社,2014.

[6] 彭星光.面向无人系统的动态进化算法及应用[M].北京:科学出版社,2017.

[7] 贾玉红.无人机系统概论[M].北京:北京航空航天大学出版社,2020.

[8] 陈强.水下无人系统及其装备发展论证[M].北京:国防工业出版社,2018.

[9] 魏瑞轩,王树磊.先进无人机系统制导与控制[M].北京:国防工业出版社,2017.

[10] 林聪榕,张玉强.智能化无人作战系统[M].长沙:国防科技大学出版社,2008.

[11] 美国防部.无人系统一体化路线图:2017—2042财年[M].童蕴河,译.北京:军事科学出版社,2018.

[12] 李和平.2007—2032年美国无人系统发展路线图[M].北京:海潮出版社,2009.

[13] 张先剑,谢苏明.联合火力打击作战任务规划概论[M].长沙:国防科技大学出版社,2020.

[14] 叶文,范洪达,朱爱红.无人飞行器任务规划[M].北京:国防工业出版社,2011.

[15] 王玥,张克,孙鑫,等.无人飞行器任务规划技术[M].北京:国防工业出版社,2015.